数学建模讲义

（第二版）

梁　进　　陈雄达
张华隆　　项家梁　编著

上海科学技术出版社

图书在版编目(CIP)数据

数学建模讲义 / 梁进等编著. —2 版. —上海：
上海科学技术出版社,2023.4
ISBN 978 - 7 - 5478 - 4471 - 7

Ⅰ.①数… Ⅱ.①梁… Ⅲ.①数学模型 Ⅳ.①O22

中国版本图书馆 CIP 数据核字(2019)第 105688 号

数学建模讲义（第二版）
梁　进　陈雄达
张华隆　项家梁　编著

上海世纪出版(集团)有限公司
上海 科 学 技 术 出 版 社　出版、发行
（上海市闵行区号景路159弄A座9F–10F）
邮政编码 201101　www.sstp.cn
上海展强印刷有限公司印刷
开本 787×1092　1/16　印张 15.25
字数 240 千字
2014 年 1 月第 1 版
2019 年 8 月第 2 版　2023 年 4 月第 4 次印刷
ISBN 978 - 7 - 5478 - 4471 - 7/O · 74
定价：58.00 元

序

数学科学的产生与发展始终和解决诸如天文学、物理学、生物学、经济和管理中的实际问题紧密相连,互相促进,共同发展,推动着人类社会的不断前进。而数学建模正是用数学来解决各种实际问题的桥梁。数学模型(Mathematical Model)是用数学符号对一类实际问题或实际发生的现象的(近似的)描述;而数学建模(Mathematical Modeling)则是获得这种模型并对之求解、验证并得到结论的全过程。数学建模不仅是为了了解基本规律,而且从应用的观点来看,更重要的是有可能成为预测和控制所建模系统行为的强有力工具。概括而言,数学建模的关键步骤或难点就是:合理假设、建立问题和解释验证。

数学建模的思想和方法古已有之,大凡用数学去解决各种问题都要经由数学建模的途径。牛顿的万有引力理论就是最伟大数学建模的范例。然而,数学建模这个名词的普及和流行则是从 20 世纪下半叶才开始的。其重要原因就是之前不能迅速、数值准确地求解出相应的数学问题。而 20 世纪下半叶计算机、计算的速度和精度、计算方法和技术以及数学软件的迅速发展,为用数学建模的思想和方法去解决各种各样的实际问题,创造了条件,这也对教育改革产生了极大的影响。将近 20 年前,由美国科学院院士 A. Friedman 和 J. Glimm 领头编写的调研报告《新兴制造技术和管理实践中的数学和计算科学》[①]中正确地指出:"一切科学和工程技术人员的教育必须包括数学和计算科学的更多的内容。数学建模和与之相伴的计算正在成为工程设计中的关键工具。科学家正日益依赖于计算方法,而且在选择正确的数学和计算方法以及解释结果的精度和可靠性方面必须具有足够的经验。对工程师和科学家的

---

① Friedman A, Glimm J, Lavery J. The mathematical and computational sciences in emerging manufacturing technologies and management practices [R]. //SIAM Report on Issues in the Mathematical Sciences. SIAM, 1992: 62 - 63.

数学教育需要变革以反映这一新的现实。"事实正如此,数学建模教学正在全世界大学生和研究生中逐步开展。

在我国,一些有识之士早在 20 世纪 80 年代初就在一些大学里开始了数学建模的教学,并致力在全国推广。我国的大学生参加美国大学生数学建模竞赛以及 1992 年开始举行的由教育部高等教育司和中国工业与应用数学学会联合主办的全国大学生数学建模竞赛,极大地推动了我国大学的数学教育改革。特别是数学建模和数学实验课程的建设和发展以及出版了不少高水平的教材,为培养具有创新和竞争能力的大学毕业生做出了巨大贡献。

由梁进教授等作者编著的本书是他们在同济大学数学建模课程的多年教学和辅导大学生参加美国和我国的大学生数学建模竞赛经验积累的基础上的总结。本书有许多值得我们仔细研究的优点。最重要的是本书紧紧抓住数学建模的全过程,而不是求全、求深,通过能够吸引大学生的实际问题的教学和学生的实践使学生真正掌握数学建模的思想和方法。本书语言叙述优美、通俗易懂,能使人在"享受"中学习到严格的数学推理及其解决实际问题的能力。本书不仅有许多重要的案例,更有资料查询、数据的收集和处理、数学软件应用简介、数学建模的评价和分析等内容。特别是有专门的一章讲述数学建模论文的写作和讲演,这种强调是非常值得称道的。就笔者自己的学习经验而言,自己认为看懂了的东西,当你要确切地写下来时往往会意识到自己有的地方没有弄懂,因而写不清楚,必须进一步仔细考虑。当你向他人报告,特别是受到质疑时,你往往又会感到还有没弄明白的地方,必须更深入地思考清楚来回答他人的质疑。这是一种真正全方位培养和提高学生能力的方法。笔者认为本书的出版必将对我国的数学建模教学做出新的贡献。同时也衷心祝愿梁进教授等同仁在今后的数学建模教学中取得更好的成绩。

叶其孝

第二版前言

《数学建模讲义》出版后,受到了读者们的欢迎。作为一本教材,我们在同济大学"数学建模"的教学中使用过,经过三年的教学活动,得到了一系列的反馈,在这次第二版中进行了修订,主要修订的内容有:

(1)将优化的内容集中起来,新增了一章"优化模型";

(2)在"概率统计问题"一章中,增加了一个模型和一个算法;

(3)在"离散模型"一章中,添加了球赛排名的例子,与网络搜索合并,并详细解模;

(4)在"微分方程模型"一章中,于差分方程中加入了一个具体例子;

(5)修正了第一版中的小错。

本书的内容增减仍然是主要考虑教学和竞赛准备,内容不求多全,但求适合,主要着力于建模思想和相关技能,授人以渔。

希望这次修订更符合教学规律,更受同学们欢迎。

前　言

　　万事万物,自然的或社会的,都依循着某些规律或自行发展或相互影响,形成了我们这个丰富多彩的世界。为了尽可能准确并精确地刻画这些规律和相互关系,数学成为一个必然的工具。

　　所谓模型,就是指为了某个特定的目的将所要研究的实际对象(即原型)的一部分相关信息简缩、提炼、抽象出来而忽略其他特性所构成的原型的代替物。例如,玩具、照片、航模、沙盘等是实物模型,风洞、失重仓、人工地震装置等是物理模型,而地图、电路图、分子式则是符号模型。对同一个实际对象,为了不同目的和不同要求就会形成不同形式和不同层次的模型,甚至可以得到完全不同的模型。

　　数学模型不考虑研究对象的外在特性而注重其变化规律及其定量的描述方式。总之,数学模型是为一个特定的目的,对一个特定对象,在必要的假定下,运用适当的数学工具,根据其内在规律和相关关系,所得到的数学结构。

　　建立数学模型的全过程就称为数学建模。也就是说,数学建模就是应用数学工具来分析各种关系并建立研究对象的内在规律模型,再进行推演和计算,然后用得到的结果回答原来问题的过程,从而以此深入了解这些研究对象,并制定最佳方案,合理规划管理、优化操作程序、控制各种风险、预测未来动态等。

　　数学建模在中国自古既有。自古就有传说伏羲画八卦,在《太平御览》中记载:"伏羲坐于方坛之上,听八方之气,乃画八卦。"《易》中也记载:"古者包牺氏之王天下也,仰则观象于天,俯则观法于地,观鸟兽之文与地之宜,近取诸身,远取诸物,于是始作八卦,以通神明之德,以类万物之情。"这段文字也描述了伏羲(即包牺)为大自然建模的过程:他上观天文,下察地理,研究生物的习性和与之适宜的环境,收集远近各种物证,从而创造了八卦,以宣扬神明之功德,以解释自然之规律(图 0 - 1)。

太极八卦恐怕就是我们最早的数学模型了。图 0-2 就是一个太极八卦图，它表示了一套有象征意义的符号及其之间的关系。图中的中圈乃"太极"，黑白部分鱼形为"两仪"，用"——"代表阳，用"— —"代表阴，用三个这样的符号组成八种形式，即图中八边形之边上的三叠线段就是"八卦"。其中上下左右四卦的内层

图 0-1

两线段称作"四象"。《易传》中写道："是故易有太极，是生两仪；两仪生四象；四象生八卦。"这种分割数学意味已很浓，但隐含的哲学思想更深奥。图形中太极中两仪的相互依存、相互渗透也反映古人对自然、对宇宙的理念。八卦中每一卦形代表一定的事物。乾代表天，坤代表地，坎代表水，离代表火，震代表雷，艮代表山，巽代表风，兑代表沼泽。八卦又代表其他象征如东、东南、南、西南、西、西北、北、东北八个方位。而乾坤有代表天地、男女、阳阴、正负等意象，用形象的八卦解释万物反映出古人对大自然的抽象和理解。虽然比较质朴而含蓄，但这个模型影响深远，至今在我们的生活中仍有其不可动摇的地位。

图 0-2

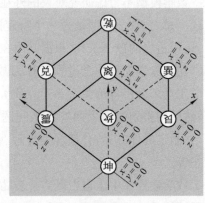

图 0-3

今天我们还可以以解析几何的观点来审视八卦：以八卦为顶点、边长为 1 的正方体，用阳爻"——"表示单位 1 的坐标，代表有；用阴爻"— —"表示 0 的坐标，代表无。则正方体八个顶点的立体坐标与八卦对应如下（图 0-3）：乾（1，1，1），兑（0，1，1），离（1，0，1），巽（1，1，0），坤（0，0，0），震（0，0，1），

坎(0，1，0)，艮(1，0，0)。不仅八卦，古代的《周易》《周髀算经》和《九章算术》等名著中也包含许多古人数学建模的思想和论题。

从科研的角度上来讲，数学建模的历史也由来已久，人们应用数学去探索事物发展的规律几乎伴随着科学研究同时诞生、同时发展。数学最早在天文学和物理学研究中大显身手。很多数学分支都是从人们对周围现象的研究中发展而来，随后又在各个理科学科，如化学、生物学和计算机学中发展。随着人们对定量分析的要求越来越高，数学也越来越深地渗透到传统的文科学科，如经济学、管理学和社会学等。如今，众多传统的领域里，数学建模的应用越来越完善，在高新技术等前沿领域，数学建模扮演着不可或缺的角色。同时数学建模在许多新兴领域迅速地开拓了一批处女地。在一些重大问题如人口问题、污染问题等则必须通过数学建模去评估、去决策。

其实，从小学到大学，我们已碰到过各种各样的建模问题(图0-4)。小学中的应用题就是建模的雏形。而中学里的代数的实际起源恐怕就是最简单的建模。只不过在小学中学遇到的这种类型的建模题，已作了高度抽象，有了假定，条件限制得很严格，所以其答案和方法也都早已定下。但同时这些经验

图0-4

也给了我们一个错觉，从数学问题正确答案的唯一性来误以为数学建模也有标准答案。而事实上，实际的数学建模没有唯一答案，是开放性的。

由于建模对象是一个客观实体，而建模过程是一个认识、探索和刻画这个客观实体的主观过程。既然建模是主观的，我们所建的模型在反映的客观实体上就有局限性。这个局限性，一方面受制于我们对建模对象的抽象，另一方面受制于我们对建模对象的了解，还受制于我们本身的数学知识水平。所以，建模是一个复杂的渐进过程，同样的实际问题所建立的模型可能会因地而异、因时而异、因人而异，所以数学建模不同于简单地解一道数学问题那样会有一个标准答案，而是完全不同的答案却各有道理，因此它们不再有对错之分而只有优劣之别。这样，数学建模就不同于传统的数学，就会需要对各种结果进行评价。所以，数学建模不是一门纯理科课程，而是一门融进了许多文科元素和

特点,甚至是可能含有艺术成分的特殊理科课程。

随着社会和科技的进步,数学的方法越来越被广泛地应用到各个领域,并渗透到其方方面面。当我们的学生走上社会,从事各种工作,分析问题和解决问题的能力大小将决定其在工作岗位上的贡献程度。数学建模对学生提高这方面的能力将有重要帮助。

为更好地引进建模,我们先看一个简单的例子。

【问题0-1】 如图0-5所示,一个有四条腿的凳子能否在地上放稳?

这个问题是一个实际问题。由经验,三条腿的凳子肯定能放稳。而四条腿的凳子有时不稳。当凳子不稳时,略微调整一下位置就可以将凳子放稳。但我们想知道的是,凳子不同,地面不同,这个能使凳子站稳的位置是否一定存在? 这个问题就不能由经验来回答。而我们如果建一个数学模型,就可以在合理的假定下用数学来严格、准确地回答这个问题。

图0-5

【假定】

(1) 凳子的四条腿等长并且四只脚正好位于一个正方形的四个顶点上。

(2) 地面是一张连续变化的曲面。

(3) 在任一时刻,凳子至少有三只脚落地。

【建模】 由假定(1),设凳子的四条腿位于点 A , B , C , D ,其连线构成一正方形,对角线的交点为坐标原点,设初始时刻对角线 AC , BD 落在坐标轴上,建立坐标系如图

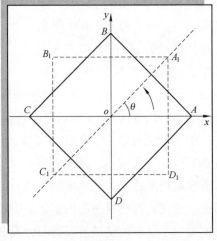

图0-6

0-6所示。挪动凳子的方式为以坐标原点为中心旋转,转过的角度记为 θ 。

设 $f(\theta)$ 为 A , C 两点凳子的脚离开地面的距离之和, $g(\theta)$ 为 B , D 两点的凳子的脚离开地面的距离之和。则由假定(3)得

$$f(\theta) \cdot g(\theta) = 0, \text{对于任意的} \theta \in \left[0, \frac{\pi}{2}\right].$$

由假定（2），函数 $f(\theta)$ 和 $g(\theta)$ 非负并在 $\left[0, \frac{\pi}{2}\right]$ 上连续，并且凳子的四脚同时落地意味着 $f(\theta) = g(\theta) = 0$，故不妨假设初始状态 $f(0) = 0$，$g(0) > 0$。当旋转 $\frac{\pi}{2}$ 角度后，两个函数的值互换了，即 $g\left(\frac{\pi}{2}\right) = 0$，$f\left(\frac{\pi}{2}\right) > 0$。这样问题转换为能否找到 $\theta_0 \in \left[0, \frac{\pi}{2}\right]$ 使得 $f(\theta_0) = g(\theta_0) = 0$。

【解模】　令 $h(\theta) = f(\theta) - g(\theta)$，则 $h(\theta)$ 在 $\left[0, \frac{\pi}{2}\right]$ 上连续，且

$$h(0) = f(0) - g(0) < 0, \quad h\left(\frac{\pi}{2}\right) = f\left(\frac{\pi}{2}\right) - g\left(\frac{\pi}{2}\right) > 0.$$

由闭区间连续函数的零点定理知，存在 $\theta_0 \in \left(0, \frac{\pi}{2}\right)$ 使得 $h(\theta_0) = 0$。由假定（3）$f(\theta_0) = 0$ 或 $g(\theta_0) = 0$，所以 $h(\theta_0) = 0$ 意味着 $f(\theta_0) = g(\theta_0) = 0$。这就是说，在问题的假定下，凳子总可以找到一个合适的地方放稳。建模的过程还给出了将凳子放稳的具体方法。

【思考】　读者可以考虑怎样用上面例子所使用的方法去解决长方形凳子的放稳问题，或进一步考虑凳子的四条腿为其他形状的放稳问题。

从上面的例子可以看出，对于一个有基本数学素养的读者来说，一旦模型建起来，解模型过程并不复杂。问题是怎么想到把稳不稳和一个数学式子挂起钩来，而这就是我们数学建模的核心问题所在。一旦这个问题解决了，数学建模可以很明确地回答我们实际问题中的疑问，还可以进一步对其中的关系给出定量的解。

如上可看出，学习数学建模，建模的思想是关键。通过这门课的学习，我们要学会融会贯通地应用所学到的各种思想和方法，灵活地举一反三地去解决更多的问题。简单地说，学习本课程，不只是多学几种方法，更重要的是如何想到用什么方法去解决问题。古人郑板桥对画竹独有心得："江馆清秋，晨起看竹，烟光、日影、露气，皆浮动于疏枝密叶之间。胸中勃勃，遂有画意。其实胸中之竹，并不是眼中之竹也。因而磨墨、展纸、落笔，倏作变相，手中之竹，又不是胸中之竹也。"这种从"眼中之竹"到"胸中之竹"，再到"手中之竹"，即看竹、思竹至画竹

的过程颇似我们的建模过程。这里真正的竹子是我们研究建模的客体,胸中的竹子就是我们抽象了的对象,而画中的竹子就是我们建模的结果。而这个过程就是从客观对象到思考分析,再到建模论文的全过程,我们可以从古人的经验中得以领悟建模的精髓。

本书是一本教材,适用于有一定的数学理念和基础,并能应用网络和计算机软件包(如 Matlab)的大学生。希望通过本课程的学习,学生可以理解如何去分析和研究一个实际问题,并最大限度地应用自己的数学知识去摸清其规律,建立相应的数学结构,推演计算出结果,并用这些结果回答实际问题。本书尽量选用实际问题作为例子,并结合数学建模竞赛的要求。希望学生们使用这本教材学完数学建模课程后,就可以为今后进一步的学习打下基础,从而为今后在工作中解决实际问题做好准备,又能对在校期间参加数学建模竞赛有所帮助。

对于教学者来说,作为一本教材,由于数学建模的特点,本书前后的相依关系并不是很严格,加"∗"部分的内容比较难,可以考虑选修。所以教学者可以根据学生的实际情况对教程进行排列和增减。一般来说,这本教材适合每周 2～3 学时。书中附有大量习题,这些习题很多都是开放性的题目,并没有标准答案,但一般可以根据所在章的方法得到问题的解。教学者应该引导学生进一步思考讨论,在更合理的范围里找到问题的解决方案。

本书主要分为两篇。前言介绍了数学建模的意义、背景、基本概念和应用范围等要素,并介绍了一个典型的数学建模实例。第 1 篇是本书的主要部分,在这部分分别讲述了数学建模中的几种基本方法。考虑到教学对象的知识结构和教学时间的有限性,本书并不追求介绍所有的方法,而只选用典型的有代表性的又不超出学生可接受范围的方法。书中附有很多参考程序,如果没有另加说明,都是 Matlab 程序。最后,作为辅助内容,在第 2 篇介绍如何较好完成数学建模全过程所要遇到的各项任务。读者可通过阅读这部分内容,了解完成一篇数学建模论文的全过程,并为今后进一步科研和其他工作做好准备。第 1 篇是本书的主体,通过这部分的学习,使学生掌握数学建模的基本思想和方法。第 2 篇虽然是数学建模的辅助部分,但也很重要,这部分内容教会学生如何将自己的思想、结果和方法表达出来,使他们如虎添翼。

数学建模的学习不止在课堂上完成,学生还需要通过社会实践、建模竞赛以及以后的工作中不断应用、不断进步。从这个意义上说,本书只是学生进行数学建模的敲门砖和引路石。

本书作者感谢杨筱菡老师为本书写统计软件简介,感谢王星为本书提供漫画插图。

目　录

第2篇 数学建模的相关问题

第 1 篇

数学建模的方法

该部分内容是本书的主要内容。根据数学建模不同的典型方法和类别分为不同的章节。我们在这里不对这些数学方法的原理进行严密的推导，而把注意力着重放在介绍怎样用这些方法去建立和计算模型。读者如果对某些方法的原理感兴趣，可以参阅相关的参考书。由于数学建模的方法几乎涵盖了应用数学的各个分支，我们在有限的篇幅内也不可能对所有的方法一一涉及，但会列出其中几种常用的和有代表性的方法。

数学建模是一门极强的面对对象的学科，而对象问题是来源五花八门，形式多种多样的。该学科中，问题本身更为重要，而采用什么方法是相对次要的。也就是说，为了能解决问题，你尽可以八仙过海，各显神通，有什么奇门遁甲都可以使出来。这就好像研究理论和学习方法就是内修功外练武。理论的修养体现了内功的强弱，方法的掌握反映了武艺的高低。而当你面对一个复杂的问题时，就好像面对一个身手不凡的敌人，你需要调动你所有的功夫和修为去对付它，目的只有一个，那就是战胜它。建模的这些特点决定了这门课的逻辑性不是很强，所以这部分的前后关联不是很大。读者可以根据自己的爱好调整阅读次序。我们这部分的安排是从方法上入手，各章介绍不同的方法，让建模的思想通过各种例子在这些方法上予以表现。

建模的一个基本思想是先找到问题的一个突破点入手，再由简入繁。对于一个复杂的建模对象，模型不大可能一步到位。我们先考虑某些最主要的因素，让其他因素都假定为最特殊的情形，然后对这些主要因素建模。如果解模的结果不能通过模型检验，则返回到模型假设，看看什么重要因素被简化了，然后调整假定，再把更多因素考虑进来。这时的模型自然比原先的模型来得复杂，但会比它更接近实际。有了前一步的工作，再解模时困难就会被分散。反复这个过程，就会慢慢改善模型。这部分第5章提到的传染病模型的建模过程就是一个很好的实例。

由于不同的方法有不同的适用范围，于是对同一个建模论题，用不同的方法可能得到不同的结果。又由于不同的繁简假设，结果的层次也深浅不一。这就带来了一个建模成果评价的问题。怎样评价一个数学模型或一篇数学建模文章，我们将放到本书的第2篇讨论。但解模方法的不唯一性带来了按方法分类的不完善之处。有些例子，实际上是应用了多种方法，所以文中的分类并不是非常严格的。然而，如前所述，希望读者不要拘泥于具体的方法和例子，而更注重的是从方法和例子中学到建模的思想。

在本篇的各章中，我们先简单介绍了该章所介绍的方法本身，然后通过具体的例子对用这种方法建模进行介绍。希望读者在通过具体的实例学习，能掌握这些方法和其使用的范围并能举一反三去解决更多的问题。每章后面都附有大量习题供读者练习。

第1章
初等模型

初等模型一般指那些只涉及一些简单数学工具的数学模型,但并没有严格的定义。我们通过一些具体的例子来说明。在数学模型中,初等模型由于其易懂性,从而易推广,所以初等模型也有其独特的魅力。

1.1 图解法

很多实际模型可以通过分析图形来解决。我们来看一个投资效用的例子。

【问题1-1】 夫妻两人有一笔共同资金计划投资。投资有两个选项:即投资风险较高的资产A和投资风险较低的资产B。夫妻两人的风险偏好是不同的,丈夫倾向于冒险,而妻子倾向于安稳,那么他们可以达成投资共识吗?

【建模解模】 夫妻两人难以协调的原因是他们不同的投资偏好。用金融的术语说,是他们的效用函数不同。丈夫喜欢冒险,他更愿意将这笔资金更多地买入高风险资产,而妻子则相反。换句话说,如果用 x 和 y 分别表示高低风险资产,根据投资金额的不同,丈夫的效用函数形成一族上凸曲

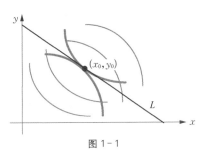

图1-1

线,而妻子的效用函数是一族下凸曲线,如图1-1所示。当夫妻投资金额确定时,投资额是直线 L。他们对应的效用函数与 L 的切点就分别是他们的投

资意向。这有两种可能：

（1）两个切点重合于(x_0, y_0)，这就是夫妻俩共识的投资方案，即分别投资高低风险资产 x_0 和 y_0。

（2）两个切点不重合，分别为(x_1, y_1)和(x_2, y_2)，则这两点的连线上的任意一个投资组合是可妥协的投资方案，最接近于双方的意向，双方互让协商才能最终达成投资方案。

【思考题】 如果是三人有不同的效用函数，他们如何达成投资共识？

1.2 最小二乘法拟合

许多工程问题，常常需要根据两个变量的几组实验数据，来找出这两个变量最接近这些数据的函数关系的表达式。处理这样的问题通常有两种情况，一种情况是完全不了解两个变量之间的任何函数关系式（黑箱模型），希望通过实验数据的分析讨论，建立两个变量之间的某种函数关系式。显而易见，这样建立的函数关系式通常不会是唯一的，而且需要对所给变量的实际背景作更加深入的分析，积累更多的相关信息和数据，才能建立变量之间较为合理的函数关系式。另一种情况是已知两个变量之间的带有若干个参数的函数关系式，希望根据实验数据确定该关系式中的参数（灰箱模型），从而得到变量之间的确切函数关系式，确定参数的方法，通常采用最小二乘法。其中变量之间的含参数的关系式通常可借鉴前人对相关问题研究所得出的一般结果，也可通过对实验数据的分析得到。

设已知两个变量 x, y 之间的含 n 个参数 k_1, k_2, $\cdots$, k_n 的函数关系式

$$y = f(x, k_1, k_2, \cdots, k_n),$$

以及 m 组实验数据 (x_1, y_1), (x_2, y_2), $\cdots$, (x_m, y_m)，希望确定参数 k_1, k_2, $\cdots$, k_n 的值。最理想的结果是选择参数 k_1, k_2, $\cdots$, k_n 的值，使得函数 $y = f(x, k_1, k_2, \cdots, k_n)$ 都满足 m 组实验数据 (x_1, y_1), (x_2, y_2), $\cdots$, (x_m, y_m)。但在实际上这是不可能的，我们只能要求选取参数 k_1, k_2, $\cdots$, k_n，使得函数 $y = f(x, k_1, k_2, \cdots, k_n)$ 在 x_1, x_2, $\cdots$, x_n 处的函数值与实验数据 y_1, y_2, $\cdots$, y_n 相差都很小，就是要使偏差

$$y_i - f(x_i, k_1, k_2, \cdots, k_n), \quad i = 1, 2, \cdots, m$$

都很小。那么如何来达到这一要求呢？能否设法使偏差的和

$$\sum_{i=1}^{m}\left[y_i - f(x_i, k_1, k_2, \cdots, k_n)\right]$$

很小来保证每个偏差都很小呢？不能，因为偏差有正有负，在求和时可能互相抵消。为了避免这种情况，可对各个偏差先取绝对值再求和，只要

$$\sum_{i=1}^{m}\left|y_i - f(x_i, k_1, k_2, \cdots, k_n)\right|$$

很小，就可以保证每个偏差的绝对值都很小。但是这个式子中含有绝对值记号，不便于进一步的分析讨论。由于实数的平方非负，更经常的，我们可以考虑选取参数 $k_1, k_2, \cdots, k_n$ 的值，使

$$M = \sum_{i=1}^{m}\left[y_i - f(x_i, k_1, k_2, \cdots, k_n)\right]^2$$

最小来保证每个偏差的绝对值都很小。这种根据所有偏差的平方和最小的条件来选择参数 $k_1, k_2, \cdots, k_n$ 的值的方法叫做最小二乘法。

最小二乘法就是求下列的极值（最小值）问题：

$$\min M(k_1, k_2, \cdots, k_n) = \sum_{i=1}^{m}\left[y_i - f(x_i, k_1, k_2, \cdots, k_n)\right]^2.$$

这里 x_i, y_i 是已知实验数据，$k_1, k_2, \cdots, k_n$ 是待定参数，即确定 $k_1, k_2, \cdots, k_n$ 的值，使得 $M(k_1, k_2, \cdots, k_n)$ 取最小值。由多元函数求极值的方法，上述问题可以通过求方程组

$$\begin{cases} \dfrac{\partial M(k_1, k_2, \cdots, k_n)}{\partial k_1} = 0, \\ \quad\vdots \\ \dfrac{\partial M(k_1, k_2, \cdots, k_n)}{\partial k_n} = 0 \end{cases}$$

的解来解决。这是 n 元方程组，求解得到 $k_1, k_2, \cdots, k_n$ 的值，就可确定函数关系式

$$y = f(x, k_1, k_2, \cdots, k_n).$$

拟合可以很方便地由计算机来完成。例如,在 Matlab 中,多项式拟合的命令为 polyfit(x, y, n),其中 x,y 为拟合的数据组成的向量,而 n 为拟合多项式的次数,即 $y=f(x)$ 是 x 的 n 次多项式,而参数为该多项式的各系数。

下面,我们通过两个问题来说明最小二乘法的应用。

【问题 1-2】 汽车的刹车距离与驾车速度是什么关系?

【分析】 汽车刹车距离由两部分组成:反应距离与制动距离。反应时间因人而异,但有一个范围,为简化模型,不妨假定为一个常数。制动距离与制动力成正比,而制动力因车而异,但不妨假定与车的质量成正比。制动过程是制动力做了功,将车的动能转化为零。

【假定】

(1) 刹车时,汽车的速度为 v。

(2) 反应时间为常数 b。

(3) 制动力 $F=ma$,其中 m 是车的质量,a 是常数。

【建模】 由前分析和假定,制动力做的功为 F 乘以制动距离。而这个功的大小等于刹车时车的动能 $\dfrac{mv^2}{2}$。所以,刹车距离 $D=bv+\dfrac{mv^2}{2F}=bv+cv^2$,这里 $c=\dfrac{m}{2F}$。这样我们建立了刹车距离与刹车时速度之间的关系。这是一个二次关系,有两个待定系数。第一个系数 b 可以通过经验数据取人平均反应时间 0.75 s,我们可以通过实际刹车距离的实际数据来拟合第二个系数 c。而只确定一个参数可以直接解方程。

【解模】 表 1-1 列出了一组车速与刹车距离的实际测定值。

表 1-1 刹车实验数据

车速(mile/h)	0	20	30	40	50	60	70	80
刹车距离(ft)	0	42	73.5	116	173	248	343	464

将原二次方程作一个变换,然后利用表 1-1 中的数据,进行给定一个系数的线性拟合,求得 $c=0.06$,于是,我们得到车速与刹车距离的经验

公式：

$$D = 0.75v + 0.06v^2.$$

在 Matlab 中, 如上结果可以用以下命令得到：

```
>> v = [0 20 30 40 50 60 70 80]';
>> D = [0 42 73.5 116 173 248 343 464]';
>> c = v.^2 \(D−0.75* v)
```

图 1–2 就是实际数据与模型曲线的对比图。我们可以看出它们的吻合程度是相当高的。

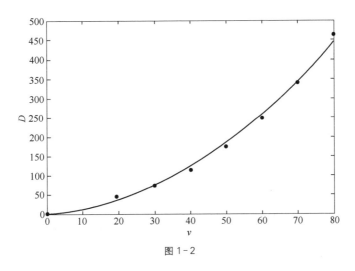

图 1–2

【结论】　车速与刹车距离的关系为二次函数关系, 在题目给定的数据下可表示成

$$刹车距离 = 0.75 \times 车速 + 0.06 \times 车速^2.$$

【问题 1–3】　研究农作物产量与施肥量的关系。

某研究所为了研究氮(N)、磷(P)、钾(K)三种肥料对土豆和生菜的作用, 分别对每种作物都进行了三种试验。试验中将每种肥料的施用量分为 10 个水平, 在考察其中一种肥料的施用量与产量的关系时总是将另外两种肥料的施用量固定在第 7 个水平上, 实验数据见表 1–2 和表 1–3。其中施肥量单位为 kg/hm^2, 产量单位为 t/hm^2。试建立反映施肥量与产量关系的模型, 并从应用价值和如何改进等方面做出评价。

表 1-2 土豆数据

N		P		K	
施肥量 (kg/hm²)	产量 (t/hm²)	施肥量 (kg/hm²)	产量 (t/hm²)	施肥量 (kg/hm²)	产量 (t/hm²)
0	15.18	0	33.46	0	18.98
34	21.36	24	32.47	47	27.35
67	25.72	49	36.06	93	34.86
101	32.29	73	37.96	140	38.52
135	34.03	98	41.04	186	38.44
202	39.45	147	40.09	279	37.73
259	43.15	196	41.26	372	38.43
336	43.46	245	42.17	465	43.87
404	40.83	294	40.36	558	42.77
471	30.75	342	42.73	651	46.22

表 1-3 生菜数据

N		P		K	
施肥量 (kg/hm²)	产量 (t/hm²)	施肥量 (kg/hm²)	产量 (t/hm²)	施肥量 (kg/hm²)	产量 (t/hm²)
0	11.02	0	6.39	0	15.75
28	12.70	49	9.48	47	16.76
56	14.56	98	12.46	93	16.89
84	16.27	147	14.33	140	16.24
112	17.75	196	17.10	186	17.56
168	22.59	294	21.94	279	19.20
224	21.63	391	22.64	372	17.97
280	19.34	489	21.34	465	15.84
336	16.12	587	22.07	558	20.11
392	14.11	685	24.53	651	19.40

【分析】 我们希望建立农作物产量 W 与施肥量之间的函数关系。由于施用了 N，P，K 三种肥料，若将 N，P，K 既表示三种肥料的名称，同时又表示三种肥料的施用量，则可考虑建立三元函数

$$W = F(N, P, K).$$

显然这是黑箱模型，单凭目前的信息，我们无法想象上述函数究竟是哪一种形式。简单的方式，可以考虑 F 取为线性函数

$$W = aN + bP + cK + d \quad (a, b, c, d \text{ 是待定常数}),$$

或者取二次函数

$$W = a_1 N^2 + a_2 P^2 + a_3 K^2 + a_4 NP + a_5 NK$$
$$+ a_6 PK + a_7 N + a_8 P + a_9 K + a_{10},$$

其中，$a_i (i = 1, 2, \cdots, 10)$ 为待定常数。

通过给出的数据，可由最小二乘法拟合，确定上述关系式中的待定系数，从而得到农作物产量 W 与施肥量之间的函数关系。但这样做有两个疑问：随意假定的线性函数关系表达式，或者二次函数表达式能否有效描述农作物产量与施肥量之间的关系？除了上述两种关系式，是否还有更合适的反映产量与施肥量关系的模型？

表中所给的原始数据事实上是不够充分的，因为实验过程中考察某一种肥料的施用量与产量的关系时，总是将另两种肥料的施用量固定在第 7 个水平上，实验数据并没有考虑三种肥料对农作物的交互作用，根据不充分数据拟合出来的模型自然是不能令人信服的。

让我们换一个角度思考：既然实验数据只考虑某一种肥料施用量的变化而引起农作物产量的变化，我们不妨先讨论建立产量 W 分别与三种肥料 N，P，K 的一元函数关系式：

$$W = f_1(N), \quad W = f_2(P), \quad W = f_3(K).$$

然后分别确定独立的每种肥料的最佳施肥量，最后通过分析平衡，得出使得农作物产量最高的三种肥料的综合最佳施肥量。

但是，这样仍没有完全解决我们前面的问题，这时我们就要求助于农业专家，他们的专业知识会给我们指导。事实上，农学理论给出了多种有效的产量 w 与施肥量 x 之间的函数关系。下列是几种关系理论。

(1) Nicklas & Miller 理论（抛物线型关系）：

$$\frac{\mathrm{d}w}{\mathrm{d}x} = a(h - x), \text{ 即 } w = b_0 + b_1 x + b_2 x^2.$$

其中，h 是最高产时的施肥量，$\dfrac{\mathrm{d}w}{\mathrm{d}x}$ 称为边际产量。

（2）米采利希学说（指数型关系）：

$$\frac{\mathrm{d}w}{\mathrm{d}x} = c(A - w), \text{ 即 } w = A(1 - \mathrm{e}^{-cx}).$$

其中，A 是某种肥料充足时的最高产量。由于 $w|_{x=0} = 0$，不施肥时产量为零，与实际情况不符，因为土壤中有天然肥力，通常考虑天然肥力时，上述关系修正为

$$w = A(1 - \mathrm{e}^{b-cx}).$$

（3）博伊德观点（分段直线关系）：

某些情况下，若将施肥水平分为若干组，则各组对应的"产量-施肥量"关系呈直线形式。例如若将施肥水平分成两组，则有如下分段直线的关系：

$$w(x) = \begin{cases} c_0 + c_1 x, & 0 \leqslant x \leqslant x_1, \\ b_0 + b_1 x, & x_1 \leqslant x \leqslant x_2. \end{cases}$$

【建模】 现在我们根据上述专业理论，可设法将问题由"黑箱模型"转化为"灰箱模型"（图1-3）。先通过散点图大致估计确定施肥量与产量效应关系的函数来建立模型。

将六组实验数据画点图，根据点图的形状确定生菜、土豆产量分别与氮肥、磷肥、钾肥的函数形式。点图如图1-4所示。

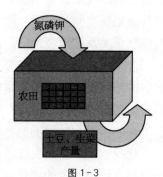

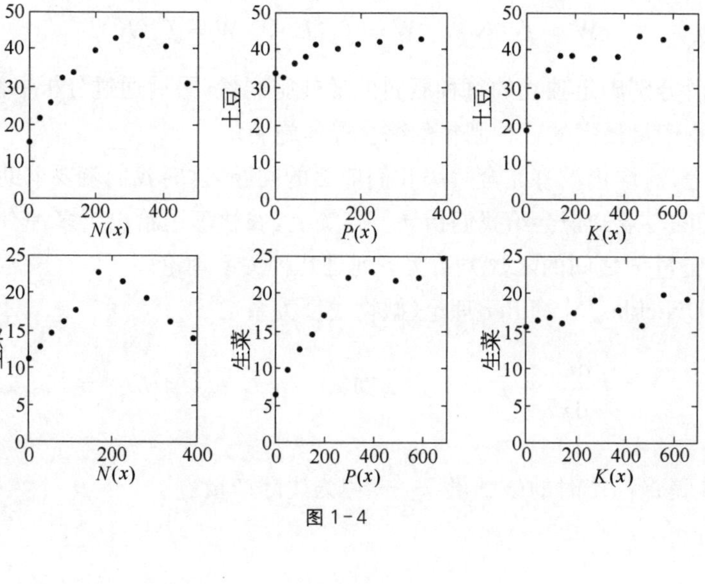

图 1-3

图 1-4

由上述点图的形状我们可以看到：

（1）氮肥施用量对土豆、生菜产量的效应关系均为抛物线型关系，函数关系可设为

$$w_{土}(x) = a_0 + a_1 x + a_2 x^2, \quad w_{生}(x) = b_0 + b_1 x + b_2 x^2.$$

（2）磷肥施用量对土豆、生菜产量的效应关系均为分段直线型关系，函数关系可设为

$$w_{土}(x) = \begin{cases} c_1 + c_2 x, & 0 \leqslant x \leqslant x_1, \\ c_1' + c_2' x, & x_1 \leqslant x \leqslant x_2; \end{cases} \quad w_{生}(x) = \begin{cases} d_1 + d_2 x, & 0 \leqslant x \leqslant x_1', \\ d_1' + d_2' x, & x_1' \leqslant x \leqslant x_2'. \end{cases}$$

（3）钾肥施用量对土豆产量的效应关系为指数型关系，函数关系可设为

$$w_{土}(x) = A(1 - e^{b-cx}).$$

钾肥施用量对生菜产量的效应关系是近似直线型，函数关系可设为

$$w_{生}(x) = a + bx.$$

【解模】　通过最小二乘法确定上述施肥量与产量的函数关系式的系数。

拟合程序为

```
function npk
%  农作物产量与施肥量关系
%  土豆
nx1 = [   0    34     67    101    135    202    259    336    404    471    ]';
nw1 = [ 15.18 21.36 25.72 32.29 34.03 39.45 43.15 43.46 40.83 30.75]';
px1 = [   0    24     49     73     98    147    196    245    294    342    ]';
pw1 = [ 33.46 32.47 36.06 37.96 41.04 40.09 41.26 42.17 40.36 42.73]';
kx1 = [   0    47     93    140    186    279    372    465    558    651    ]';
kw1 = [ 18.98 27.35 34.86 38.52 38.44 37.73 38.43 43.87 42.77 46.22]';
%  生菜
nx2 = [   0    28     56     84    112    168    224    280    336    392    ]';
nw2 = [ 11.02 12.70 14.56 16.27 17.75 22.59 21.63 19.34 16.12 14.11]';
px2 = [   0    49     98    147    196    294    391    489    587    685    ]';
pw2 = [  6.39  9.48 12.46 14.33 17.10 21.94 22.64 21.34 22.07 24.53]';
kx2 = [   0    47     93    140    186    279    372    465    558    651    ]';
kw2 = [ 15.75 16.76 16.89 16.24 17.56 19.20 17.97 15.84 20.11 19.40]';
%%%%%
warning off
a = polyfit(nx1, nw1, 2);
fprintf('氮肥对土豆的关系为: w=% + .5fx^2% + .5fx% + .5f\n', a);
b = polyfit(nx2, nw2, 2);
fprintf('氮肥对生菜的关系为: w=% + .5fx^2% + .5fx% + .5f\n', b);
c = nlinfit(px1, pw1, @ modelp, [100 30 0.05 30 1.0]');
fprintf('磷肥对土豆的关系为: w=% + .5f% + .5fx,  if x<=% f\n', c([2 3 1]) );
fprintf('               w=% + .5f% + .5fx,  if x>=% f\n', c([4 5 1]) );
```

```
d = nlinfit(px2, pw2, @ modelp, [200 10 0.1 10 0.01]');
fprintf('磷肥对生菜的关系为: w= % + .5f% + .5fx,  if x< = % f\n', d([2 3 1]));
fprintf('         w= % + .5f% + .5fx,  if x> = % f\n', d([4 5 1]));
e = nlinfit(kx1, kw1, @ modelk, [45 - 0.6 - 0.01]');
fprintf('钾肥对土豆的关系为: w= % + .5f * ( 1- exp( % + .5f% + .5fx ) )\n', e);
f = polyfit(kx2, kw2, 1);
fprintf('钾肥对生菜的关系为: w= % + .5fx % + .5f.  \n', f);

function y = modelp(beta, x)
   if x < = beta(1),
      y = beta(2) + beta(3) * x;
   else
      y= beta(4) + beta(5) * x;
   end

function y = modelk (beta, x)
   y = beta(1) * ( 1- exp( beta(2)+ beta(3)* x ) );
```

即：

(1) 氮肥对土豆、生菜的函数关系为

求解 $\qquad \min L = \sum_{i=1}^{10} \left[w_{\pm i} - (a_0 + a_1 N_i + a_2 N_i^2) \right]^2.$

由 $\dfrac{\partial L}{\partial a_0} = \dfrac{\partial L}{\partial a_1} = \dfrac{\partial L}{\partial a_2} = 0,$ 可解得 $\begin{cases} a_0 = 14.74, \\ a_1 = 0.179, \\ a_2 = -0.000\,34。 \end{cases}$

即 $\qquad w_{\pm}(N) = 14.74 + 0.179N - 0.000\,34N^2.$

同理得到 $b_0 = 10.23,\ b_1 = 0.101,\ b_2 = -0.000\,24。$

即 $\qquad w_{\pm}(N) = 10.23 + 0.101N - 0.000\,24N^2.$

(2) 磷肥对土豆、生菜的函数关系为

$$w_{\pm}(P) = \begin{cases} 30 + 0.05P, & 0 \leqslant P \leqslant 100, \\ 34.992 + 0.026P, & 100 < P \leqslant 342; \end{cases}$$

$$w_{\pm}(P) = \begin{cases} 10 + 0.1P, & 0 \leqslant P \leqslant 200, \\ 10.179 + 0.024P, & 200 \leqslant P \leqslant 685. \end{cases}$$

(3) 钾肥对土豆、生菜的函数关系为

$$w_{\pm}(K) = 42.66(1 - e^{-0.601 - 0.001K});$$

$$w_{\pm}(K) = 16.272 + 0.004\,67K.$$

【结论】 模型结果分析与最佳施肥量的讨论,我们可以得知:

上述函数关系式反映了在一定条件下,每种肥料的施用量对农作物产量的效应关系。

(1) 氮(N)肥的过量施用会造成减产(农学理论称为"烧苗")。

(2) 磷(P)肥的施用量达到某一值后,增加施肥量对作物产量的影响作用不大。

(3) 钾(K)肥的施用量的增加开始时对作物产量的影响较明显,逐渐地影响趋于缓和。而钾肥对生菜产量的作用关系几乎是一条水平直线,这可能是生菜的生长对钾肥的需求量较小,但也可能是由于土壤中含有的天然钾肥已足够满足生菜生长的需求。

【推广】 在我们得到的函数基础上,可以进行每种肥料最佳施用量的分析。我们的讨论不是基于产量最高时的最佳施肥量,而是使得经济效益最大的最佳施肥量。如果 T_w,T_x 分别表示农作物产品单价和肥料单价,则效益 $L = wT_w - xT_x$。

要使得效益最大,则必须 $\dfrac{\mathrm{d}L}{\mathrm{d}x} = 0$,由于 T_x,T_w 均为常数,得到

$$\frac{\mathrm{d}w}{\mathrm{d}x} = \frac{T_x}{T_w},$$

由此即可求出为获期望产量 w 的效益最佳的施肥量 x。

如果确定了每种肥料在一定条件下的最佳施肥量 N^*,P^*,K^*,综合平衡三种肥力交互作用对农作物产量的影响以及施肥量固定在第 7 个水平的操作原理,可确定"既能达到高产,又不浪费肥料"的总体最佳施肥量。

1.3 状态转移法

过河问题是一个比较古老而又十分有趣的数学问题,并且有很多描述。这里仅仅是其中的一种描述。

【问题 1-4】 有三名军官各带一名新随从要乘一条小船过河,该船每次最多只能容纳两个人。由于谣言,军官们提防着这些随从,感到一旦在任何地方只要随从人数多于军官数时,随从就会发生兵变。但是由于军官们控制着

如何乘船的指挥权,所以他们就可以采用一个安全的过河方案,确保自己和随从能顺利过河。试为军官设计这样的过河方案。

【建模】 设在过河过程中,此岸的军官数为 x ,随从数为 y ,则向量 (x, y) 表示为在渡河过程中在此岸的军官数和随从数,该向量称为状态向量。而

$$E = \{(x, y) \mid x, y = 0, 1, 2, 3\}$$

为所有可能的状态向量集合。在该集合中,有一部分对军官是安全的,称为容许状态集合,记其为 S。通过枚举的方法,有

$$S = \{(3, y) \mid y = 0, 1, 2, 3\} \bigcup \{(0, y) \mid y = 0, 1, 2, 3\}$$
$$\bigcup \{(x, y) \mid x = y = 1, 2\}.$$

在图 1-5 中,实点表示为状态容许的集合。渡河的方案称为决策,也用向量 (x, y) 来表示,其意义是 x 名军官和 y 名随从同坐一条船。在这些决策中,有些是符合条件的,称为容许决策或可行决策。

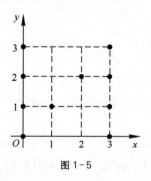

图 1-5

小船从此岸到彼岸的一次航行,会使此岸的状态发生一次变化,这样的变化称为状态的转移。用

$$s_1(x, y), s_2(x, y), s_3(x, y), \cdots$$

表示状态的转移,其中 $s_i \in S$。以 $d_i(x, y)$ 表示在状态 s_i 下所作出的决策。则当 i 为奇数时,表示的是此岸到彼岸的渡河,而当 i 为偶数时,表示的是从彼岸向此岸的渡河。因而相应的关系是

$$s_{i+1} = s_i + (-1)^i d_i. \tag{1-1}$$

式 (1-1) 称为状态转移方程。

由此说明,渡河问题转变为寻找一系列的决策 d_i 使状态 $s_i (i = 1, 2, 3, \cdots)$ 按式 (1-1) 经有限次的转移从初始状态 $s_1 = (3, 3)$ 到达终止状态 $s_n =$

(0，0)。

【解模】 由以上分析知,解模过程实际上就是寻找一系列的决策过程。在图1-6中,黑色曲线弧表示向彼岸渡河,而虚线曲线弧则表示从彼岸的返回过程。容许决策 d_i 表现为从一个实点向另一个实点的转移。当 i 是奇数时,容许决策表示向下和向左的转移;而当 i 是偶数时,决策表示向上和向右的转移。从图中可以看到,经过若干次的转移,军官和随从都顺利地到达了彼岸,即此时的状态为 $s_n = (0，0)$。整个渡河过程可以用表1-4来表示相应的状态转移过程。

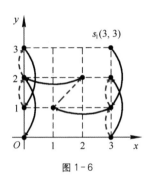

图1-6

表1-4 状态转移表

序 号	状 态	决 策	序 号	状 态	决 策
1	(3, 3)	(0, 2)	7	(2, 2)	(2, 0)
2	(3, 1)	(0, 1)	8	(0, 2)	(0, 1)
3	(3, 2)	(0, 2)	9	(0, 3)	(0, 2)
4	(3, 0)	(0, 1)	10	(0, 1)	(0, 1)
5	(3, 1)	(2, 0)	11	(0, 2)	(0, 2)
6	(1, 1)	(1, 1)	12	(0, 0)	

从表中可以看到,经过11次的转移,最终军官和随从都顺利到达了河的彼岸。

1.4 简单公式——席位分配问题

我们在生活中经常遇到如何公平地分配代表席位的问题(图1-7)。

【问题1-5】 从若干个群众团体中,选举出部分代表组成一个管理委员会,如何确定各团体的代表成员数,这样的问题就称为席位分配问题。

图 1-7

某个居住小区分成 A，B，C，D 四个小区，A 小区有住户 180 户，B 小区有 150 户，C 小区有 132 户，D 小区有 108 户。在该居住区内，要成立一个由 11 人组成的业主委员会，该如何确定相应的名额分配方案?

直觉告诉我们，比较好的分配方案是 A，B，C 这三个小区各派 3 个代表，而 D 小区则选派 2 个代表。这样的感觉可能来自这样的事实：该居住小区共 570 人，且

$$A 小区：11 \times \frac{180}{570} \approx 3.473. \quad B 小区：11 \times \frac{150}{570} \approx 2.894.$$

$$C 小区：11 \times \frac{132}{570} \approx 2.574. \quad D 小区：11 \times \frac{108}{570} \approx 2.084.$$

然后对每个小区，采用先取整数部分，小数部分按取大原则进行分配，得到相应的分配方案 $(3，3，3，2)$。

但这样直觉上是否可靠，下面的例子说明这样一个有趣的问题。

某学院有 3 个系，共有学生 200 人，其中 A 系 100 人，B 系 60 人，C 系 40 人。现成立一个由 20 名学生组成的学生会，则按上面的方法容易得到分配方案为 $(10，6，4)$。现在 C 系有 3 名学生转入 A 系，又有 3 名学生转入 B 系。则按上面的方法有

$$A 系：20 \times \frac{103}{200} \approx 10.3. \quad B 系：20 \times \frac{63}{200} \approx 6.3.$$

$$C 系：20 \times \frac{34}{200} \approx 3.4.$$

即相应的分配方案为 $(10，6，4)$。

由于此时学生会成员数为偶数，这将给一些问题的表决带来某些不方便的地方。因此该学生会筹备组决定将学生会的成员数增加至 21 人时，此时相应的分配方案又将如何? 按上面规则有

$$A 系：21 \times \frac{103}{200} \approx 10.815. \quad B 系：20 \times \frac{63}{200} \approx 6.615.$$

$$C 系：20 \times \frac{34}{200} \approx 3.57.$$

即相应的分配方案为 (11，7，3)。

作为 C 系的代表，你将有何感想？

无独有偶，美国宪法第 1 条第 2 款对联邦众议院议会席位分配作了明确规定，议员数按各州相应的人数进行分配。最初议员数只有 65 席，因为议会有权改变它的席位数，到 1910 年，议会增加到 435 席。宪法并没有规定席位的具体分配办法，因此在 1881 年，当考虑重新分配席位时，发现用当时的最大余数分配方法，亚拉巴马州在 299 个席位中获得 8 个议席，而当总席位增加为 300 席时，它却只能分得 7 个议席。

这种因总席位的增加而导致某一单位席位数的减少的奇怪现象，称为"亚拉巴马悖论（Alabama Paradox）"（图 1-8）。

图 1-8

【建模】　我们假定：在席位分配问题中，席位数总是大于团体数，并且分配是按照每个团体中的成员数进行分配的。

首先我们讨论在 2 个团体之间的席位分配问题。设问题可以表示为表 1-5。

表 1-5　两个团体分派席位

单位名	人　数	席位数	每席代表人数
1	p_1	n_1	$\dfrac{p_1}{n_1}$
2	p_2	n_2	$\dfrac{p_2}{n_2}$

从表中可以看出，分配方案是公平的，则应有 $\dfrac{p_1}{n_1} = \dfrac{p_2}{n_2}$。但是在一般情况下，该条件很难满足。但该数是一个衡量公平性的指标。令 $k_i = \dfrac{p_i}{n_i}$ $(i=1, 2)$。若 $k_1 \neq k_2$，则称分配是不公平的，此时定义 $|k_1 - k_2| = \left| \dfrac{p_1}{n_1} - \dfrac{p_2}{n_2} \right|$ 为

两个单位的绝对不公平度。但该指标还不能完全反映两个单位的不公平现象。表1-6的数据就反映了这种状况。

表1-6 绝对不公平度数据

单位名	人　数	席位数	每席代表人数	绝对不公平度
1	110	10	11	1
2	100	10	10	
3	10 010	10	1 001	1
4	10 000	10	1 000	

此时单位1与单位2的绝对不公平度和单位3与单位4的绝对不公平度均为1，但显然在前两个单位之间的不公平现象要比后两个单位的不公平现象严重得多。为此我们引入"相对不公平度"作为衡量的一个准则。

若 $k_1 = \dfrac{p_1}{n_1} > k_2 = \dfrac{p_2}{n_2}$ 时，则单位1吃亏，称 $r_1(n_1,\ n_2) = \dfrac{k_1 - k_2}{k_2} = \dfrac{p_1}{p_2} \cdot \dfrac{n_2}{n_1} - 1$ 为单位1的相对不公平度；当 $k_2 = \dfrac{p_2}{n_2} > k_1 = \dfrac{p_1}{n_1}$ 时，则单位2吃亏，同理，称 $r_2(n_1,\ n_2) = \dfrac{k_2 - k_1}{k_1} = \dfrac{p_2}{p_1} \dfrac{n_1}{n_2} - 1$ 为单位2的相对不公平度。

我们的目标是，每次分配后，对每单位而言，自己的相对不公平度都达到最小。

【解模】 经过了若干次分配后，我们进行下一次分配。此时我们假设单位1的席位数为 n_1，单位2的席位数为 n_2，并假设此时是单位1吃亏。即 $k_1 > k_2$，从而此时 $r_1(n_1,\ n_2)$ 有意义。在对下一个席位分配时，考虑下面的几种情况和相应的分配方案：

（1）若将下一个席位分配给单位1之后仍然是单位1吃亏，即此时有 $\dfrac{p_1}{n_1 + 1} > \dfrac{p_2}{n_2}$，显然下一个席位应该给单位1。

（2）若把下一个席位分配给单位1后使单位2吃亏，即 $\dfrac{p_1}{n_1 + 1} < \dfrac{p_2}{n_2}$，此时单位2的相对不公平度为 $r_2(n_1 + 1,\ n_2) = \dfrac{p_2}{p_1} \dfrac{n_1 + 1}{n_2} - 1$。

（3）若把下一个席位分配给单位 2 使单位 1 吃亏，即 $\dfrac{p_1}{n_1} > \dfrac{p_2}{n_2+1}$，此时对单位 1 的相对不公平度为 $r_1(n_1, n_2+1) = \dfrac{p_1}{p_2} \dfrac{n_1+1}{n_1} - 1$。

（4）若把下一个席位分配给单位 2 使得单位 2 吃亏，但这个情况是不可能发生的。

由此我们只需讨论（2）和（3）的情况下，下一个席位的分配情况。其原则是将下一个席位分配给相对不公平度较大的一方，从而得到以下结论：

当 $r_1(n_1, n_2+1) > r_2(n_1+1, n_2)$ 时，这一席位应分配给单位 1。

当 $r_1(n_1, n_2+1) < r_2(n_1+1, n_2)$ 时，这一席位应分配给单位 2。

若 $r_1(n_1, n_2+1) > r_2(n_1+1, n_2)$，此等价于 $\dfrac{p_1}{p_2} \dfrac{n_2+1}{n_1} - 1 > \dfrac{p_2}{p_1} \cdot$ $\dfrac{n_1+1}{n_2} - 1$，即 $\dfrac{p_1^2}{n_1(n_1+1)} > \dfrac{p_2^2}{n_2(n_2+1)}$。

由此我们引入 $Q_i = \dfrac{p_i^2}{n_i(n_i+1)}$ $(i=1, 2)$。

在（2）与（3）的情况下，下一席位应分配给 Q_i 值较大的一方。

对于情况（1），此时 $Q_1 = \dfrac{p_1^2}{n_1(n_1+1)} > \left(\dfrac{p_1}{n_1+1}\right)^2 > \left(\dfrac{p_2}{n_2}\right)^2 >$ $\dfrac{p_2^2}{n_2(n_2+1)}$，故将下一席位分配给单位 1 也符合上述原则。

将该原则用于 m 个单位的情况：当分配新一席位时，首先计算在当前席位份额下各单位的 Q 值，并比较相应 Q 值的大小，将下一席位分配给 Q 值最大的单位（思考：当有多个单位的 Q 值相同时，该当如何？）。

将上面的方法总结如下：

（1）对每个单位各分配一席。

（2）计算各单位的 Q 值，并比较大小。

（3）将下一席位分配给当前 Q 值最大的一方。

现在我们用该方法来解决前面所提出的三个单位的学生会名额分配问题。

在对每系均分配一个代表名额之后，我们开始对第四个席位进行分配。此时各单位的 Q 值分别如下：

$$Q_A = \frac{103^2}{1 \times 2} = 5\,304.50, \quad Q_B = \frac{63^2}{1 \times 2} = 1\,984.50, \quad Q_C = \frac{34^2}{1 \times 2} = 578.00.$$

即此时 A 系的 Q 值最大,因而席位将分配给 A 系。重新计算当前情况下 A 系的 Q 值,得 $Q_A = \dfrac{103^2}{2 \times 3} = 1\,768.17$,比较结果此时是 B 系的 Q 值最大,因而应将第五个席位分配给 B 系。

重复上面的过程,可确定余下席位的分配。将计算结果列于表 1-7 中,其中括号内的数是分配到的席位编号。

表 1-7　Q 值法分配过程

序　号	A 系的 Q 值	B 系的 Q 值	C 系的 Q 值
1	5 304.50(4)	1 984.50(5)	578.00(9)
2	1 768.17(6)	661.50(8)	192.67(15)
3	884.08(7)	330.75(12)	96.33(21)
4	530.45(10)	198.45(14)	57.80
5	353.63(11)	132.30(18)	
6	252.60(13)	94.50	
7	189.45(16)		
8	147.35(17)		
9	117.88(19)		
10	96.45(20)		
11	80.37		
席位数	11	6	4

在这样的分配方案下,C 系保住了一个席位。

问题的进一步思考:能否采用先取整数部分,最后对小数部分用 Q 值方法进行分配?在该问题中,整数名额分配为 10,6,3。此时计算的 Q 值见表 1-8。

表 1-8　取整加 Q 值法分配方案

序　号	A 系的 Q 值	B 系的 Q 值	C 系的 Q 值
20	96.45	94.50	96.33

因而此时应将席位分配给 A 系,再计算此时 A 系的 Q 值,$Q_A = 80.37$,因而应将最后一个席位分配给 C 系。似乎这样的方法比较简便,但某些情况下,这样的分配方法仍然有缺陷。尤其是当单位成员数相差比较大的时候,这样的分配方法会出现问题。我们以下面的具体问题为例进行说明。

有 6 个单位,成员总数为 10 000,席位数为 100,表 1-9 中的第 4 列是先对整数部分进行分配,然后对余数用 Q 值法分配的结果,而第 5 列是直接用 Q 值法进行分配的结果。

表 1-9 一个 6 单位分配案例

单位序号	单位成员数	比例值	余数法	Q 值法
1	9 215	92.15	92	90
2	159	1.59	2	2
3	158	1.58	2	2
4	157	1.57	2	2
5	156	1.56	1	2
6	155	1.55	1	2
总 和	10 000	100	100	100

事实上,当单位 1 在分配到第 90 个名额时,相应的 Q 值为 $Q_1 = \dfrac{9\,215^2}{90 \times 91} \approx 10\,368.28$,而当单位 6 有一个席位时,相应的 Q 值为 $Q_6 = \dfrac{155^2}{2} = 12\,012.5$,由此可见余下的席位应分配给单位 2,3,4,5,6。

上例说明,当各单位的成员数相差比较大时,应从一开始就采用 Q 值方法。

按 Q 值和小数部分分配席位的程序建议如下:

```
function sn = seat(pn, s, opt)
%
% 席位分配方案
% pn: 包含各分配单位人数的向量
% s:  总席位
% sn: 包含各分配单位席位数的向量
%
if opt == 1, % 按照小数部分分配
    p  = sum(pn);
    sn = s * pn/p;
    sx = mod(sn, 1);
```

```
        [tmp, ind] = sort(- sx);
        sn = floor(sn);
        k = s - sum(sn);
        sn(ind(1:k)) = sn(ind(1:k)) + 1;
    else        % 按照 Q 值法
        sn  = ones(size(pn));
        q   = pn.^2 / 2;
        while sum(sn)< s,
            [tmp, t] = max(q);
            sn(t) = sn(t) + 1;
            q(t) = pn(t)^2 / sn(t) / (sn(t)+ 1));
        end
    end
```

1.5 类比比例法

类比比例法在数学建模中,是一种简单方便推广的方法。这里我们通过一个例子加以说明。在这类问题中,我们通常会设一些参量,然后根据已知的定律、经验找出这些参量之间的关系。最后,再根据实际数据,用推出的关系拟合这些参数。

【问题 1-6】 量身长比称体重更直接方便,那么如何通过四足动物的身材尺寸来估算其体重呢?

【分析】 这个问题乍一看比较复杂,涉及生物学。然而我们换个思路,抛开复杂的生物组织,直接把四足动物的躯干看成物理的弹性梁,然后用弹性物理的一些理论来解决。虽然结果不那么精准,但作为估计是足够了(图 1-9)。

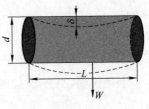

图 1-9

【假定】

(1) 考虑某四足动物,其质量为 m,重力为 W。

(2) 动物的躯干外形为圆柱体;长度为 L,横断面直径为 d,面积为 S。

(3) 躯干被支撑在四条腿上,近似于简支弹性梁,弹性梁的垂度(梁的最大挠度)为 δ。

【建模解模】 由弹性物理的理论,最大挠度满足下列公式:

$$\delta = \frac{WL^3}{Sd^2}.$$

由牛顿定律 $W \propto m$，$m \propto SL$，所以

$$\frac{\delta}{L} \propto \frac{L^3}{d^2},$$

这里比值 $\frac{\delta}{L}$ 是躯干体相对下垂度。这个值如果太大，则动物四肢无法支撑躯干，但该值如果太小，意味四肢过于发达，是一种浪费。从生物进化角度看，可以认为经过长期适应自然，每种四足动物都使自己达到最佳的状态，取到最佳的 $\frac{\delta}{L}$ 值。于是补充一个假定：

（4）对某种四足动物来说，相对下垂度 $\frac{\delta}{L}$ 为常数。

在假设（4）下，就有 $L^3 \propto d^2$，于是就有

$$W \propto m \propto SL \propto d^2 L \propto L^4.$$

这就是说，四足动物的体重与其身长的四次方成正比，即对某种四足动物存在一个正常数 k，使得

$$W = kL^4.$$

对各类不同的四足动物，由不同的 k 与之对应。具体的值可通过 1.2 节介绍的最小二乘法从实际数据中拟合出来。

1.6　习题

1. 位于同一条公路的甲、乙两个加油站彼此竞争激烈，同一城市中还有其他加油站。当乙站突然宣布降价后，甲站需要根据乙站的售价来调整自己的售价，以求获得尽可能高的利润。建立数学模型为甲站制定出最优定价策略。

2. 观察到树会分叉，考虑一个数学模型，刻画树的分叉现象，并由模型估计一棵无拘束树的最优分叉角度。

3. 一卡车出租公司标价出租某型号卡车每小时 100 元加汽油费，已知每加仑汽油可驾驶 $15 - 0.07v$ km，这里 v 是在高速公路上行驶的速度。而油价是每加仑 k 元。如果租车者租车过高速公路去完成一项任务，那么他最省钱的方案是以什么速度驾驶？

4. 一养猪场引进一种新的饲料可以较普通饲料使猪较快生长。通过试验，已知猪在

架子期结束后使用这种新饲料效果最好,但连续用这种新饲料效果会慢慢减弱,并且停用后不能再用。所以用这种新饲料连续一段时间后需要选择一个时间停止。试验表明,猪体重(kg)平均增量与连续使用新饲料天数的对数成正比。还知猪肉售价为 Q 元/kg,新饲料与普通饲料的成本差为 K 元/kg($K > 0$)。

(1) 请帮养猪场制定最优的新饲料使用计划,并讨论比例系数以及参数 Q 和 K。

(2) 进一步思考,如果猪肉市场价和饲料价都随时间变化,计划将如何改变? 分别就其变化函数为时间的增或减函数的各种情形加以讨论。

5. 投资公司意向投资一笔钱分别到项目 A 和项目 B。项目 A 预期获利为投资额的 α 倍而项目 B 预期获利为投资额的 β 次方。

(1) 写出分配投资的数学模型,并求出获利最多的投资方案。

(2) 分析参数 α 和 β 对最优投资方案的影响。

6. 考虑一个数学模型,来计算人的臂膊有多重。

7. 试建立"磨刀不误砍柴工"的数学模型,并定量地算出最优的磨刀频率。

8. 在商品市场上,一般大包装商品的单位质量价格要比小包装商品的单位价格要低一些,使用比例方法来构造这种现象的数学模型。

9. 为研究某一化学反应过程中,温度 x (℃) 对产品得率 y (%) 的影响,测得数据见表 1-10。

表 1-10 化学反应数据

温度(℃)	100	110	120	130	140	150	160	170	180	190
产品得率(%)	45	51	54	61	66	70	74	78	85	89

用曲线拟合方法找出它们之间的关系。

10. 用图解法分析雇主和雇员如何商议达成加班协议。

11. 一个经济合作体有来自甲乙丙三个区域的商家集团组成,分别拥有资金 22 345 万元、4 172 万元和 1 643 万元。要成立一个 6 人的委员会,用 Q 值方法确定各区域代表资金的代表分配方案。

第2章
概率统计问题

这一章讨论的模型都和不确定的量有关。不确定的量又叫随机量,对这样的模型,我们可以考虑用概率、随机分析和数理统计的工具来进行处理。

在实际生活中,许多量都具有随机性。例如股票的涨落、价格的浮动、天气的变化等。所以,概率和统计的工具就很自然地被应用来解决这些随机问题。我们建立的数学模型从而也包括了概率和统计模型。

概率论、随机过程和统计学是数学上的重要学科。理论研究精深,应用领域广泛。我们假定读者具有这些学科的基本知识。这些知识,读者可以用这些学科的教科书进行复习。我们在书后列出了建议参考书目如[2.1],[2.2]。

统计方法适用于处理数据。第 1 章提到的线性回归模型属于基本的统计模型。数学建模常用的统计模型还有多项式模型、多因子模型、时间序列模型等。数据拟合后模型是不是可接受、会不会被拒绝在统计学中有许多评价方法,读者可以参考相关的文献如[2.3]。在计算机愈发强大的今天,大量的统计分析可以由计算机完成。最常用的统计软件如 SAS 和 SPSS 将在本书的第 2 篇作一个简介。而本章主要介绍概率模型,简单的马尔可夫链和 Monte Carlo 模拟。当然如前所说,很多模型需要应用多种数学工具。

我们从具体的问题开始。

2.1 概率问题——犯罪夫妇的认定

这是一个利用条件概率判案的实例。

【问题 2‑1】 这是美国一个涉及抢劫的案件。目击者看见一个金黄头

发、马尾发型的女子是坐在一辆
留着胡子的黑人男子开着的黄色
小汽车里逃离现场的。犯罪活动
发生几天后警方逮捕了具有上述
特征的一对夫妇,但没有发现实
际证据。一位数学家计算得到随
机选取一对夫妇具有上述特征的
概率为 8.3×10^{-8},陪审团能否
判他们有罪?

图 2 - 1

【**假设**】 1. 目击者的证词是真实的。2. 那对犯罪男女是夫妇关系。

【**建模解模**】 这显然是一个概率问题。根据目击者的证词和数学家的计算,那么这对夫妇就是抢劫的男女的可能性非常大。事实上陪审团的确以此判他们有罪。然而加利福尼亚高级法院却撤销了裁决,他们的理由是什么?

设从 n 对夫妇里挑选一对具有特定特征的夫妇的概率为 p。记集合 A 为全体夫妇中至少有一对夫妇具有该特征的事件,记 B 为至少有两对夫妇具有该特征的事件,我们来求一下,在事件 A 发生的前提下,B 发生的概率,即 $\Pr(B \mid A)$。由于 $B \subset A$,所以

$$\Pr(B \mid A) = \frac{\Pr(BA)}{\Pr(A)} = \frac{\Pr(B)}{\Pr(A)},$$

将这 n 对夫妇编号 A_i,$i = 1, \cdots, n$,再记 C 为恰好有一对夫妇具有该特征的事件,则

$$A = (A_1^c A_2^c \cdots A_n^c)^c,$$
$$C = A_1 A_2^c \cdots A_n^c \bigcup A_1^c A_2 \cdots A_n^c \bigcup \cdots \bigcup A_1^c A_2^c \cdots A_n,$$
$$B = A \bigcap C^c,$$

如果这些夫妇是互相独立的,C 中的并集不相交,则

$$\Pr(A^c) = (1-p)^n, \ \Pr(A) = 1 - (1-p)^n, \ \Pr(C) = np(1-p)^{n-1},$$

又因为 $A = B \bigcup C$,$B \bigcap C = \varnothing$,所以

$$\Pr(B) = \Pr(A) - \Pr(C) = 1 - (1-p)^n - np(1-p)^{n-1},$$

于是有

$$\Pr(B \mid A) = \frac{1 - (1-p)^n - np(1-p)^{n-1}}{1 - (1-p)^n}.$$

加利福尼亚高级法院的理由是，因为犯罪发生在人口众多的地方，n 会很大，数以百万计。如果取 $n = 8\,000\,000$，则上述条件概率为 $0.296\,6$，那么存在另外一对具有特定特征的可能性是合理的，于是有罪裁定被撤销。

2.2　随机过程问题 I——马尔可夫链

马尔可夫链，因俄国数学家安德烈·马尔可夫（Андрей Андреевич Марков，1856—1922）（图 2 - 2）得名，是数学中具有马尔可夫性质的离散时间随机过程。该过程中，在给定当前知识或信息的情况下，只有当前的状态用来预测将来，过去（即当前以前的历史状态）对于预测将来（即当前以后的未来状态）是无关的。

链条的环扣可不一定确定哦。

图 2 - 2

在许多实际问题中，在事物的发展过程中，发展到什么状态不是确定的。例如，身体每年的健康状态、家庭的每月财务状况等。这一类问题所求的量随着时间变化而随机变化。处理它们可以用随机过程来刻画。随机过程所描述的现象是发展的随机变量，即随机变量随着时间和不断获得的新信息，其分布也发生着变化。熟练地应用随机过程要用到较高深的数学知识。然而，在一些情形中，我们可以建立简化模型来解决问题，这就是马尔可夫过程或称马尔可夫链。

简单的马尔可夫链所适合的是研究对象在发展过程中只有有限个可能性，并且每个可能性从另一个可能性变过来的概率是已知的。我们把每个可能性称为研究对象的一种状态，而可能性的变化概率称为转移概率。下面我们来看一个具体的例子。

【问题 2 - 2】　如何刻画股票市场的牛市和熊市的变换？我们如何估计一

段时间后牛市或熊市的概率(图2-3)?

【分析】 我们知道股市的涨落是一个很复杂的问题,但如果加以简化,将股市看作只有两个状态:牛市和熊市。并且知道两市之间的转换规律,则我们可以将问题归结于一个马尔可夫链。

【假定】 我们的观察区间为一个季度。假定牛市在下一个季度转换为熊市的概率为p,保持牛市的概率为$1-p$,熊市转换成牛市的概率为q,保持熊市的概率为$1-q$。并且这个概率与时间无关。

图2-3

【解模】 如果从历史的数据我们观察到$p=0.4$,$q=0.7$,则其转移概率矩阵为

$$P = \begin{pmatrix} 停留于牛市的概率 & 熊市转牛市的概率 \\ 牛市转熊市的概率 & 停留于熊市的概率 \end{pmatrix} = \begin{pmatrix} 0.6 & 0.7 \\ 0.4 & 0.3 \end{pmatrix}.$$

表2-1显示出从牛市开始,若干季度牛市和熊市的可能性。

表2-1 牛市开始的股市转换数据

季度	1	2	3	4	5	6	⋯	$+\infty$
牛市	1	0.6	0.64	0.636	0.636 4	0.636 36	⋯	$\dfrac{7}{11}$
熊市	0	0.4	0.36	0.364	0.363 6	0.363 64	⋯	$\dfrac{4}{11}$

从数据中我们观察到牛市和熊市的概率最后将分别稳定到$\dfrac{7}{11}$以及$\dfrac{4}{11}$。

那么,如果开始的时候是熊市,又是什么结果呢?表2-2给出了答案。

表2-2 熊市开始的股市转换数据

季度	1	2	3	4	5	6	⋯	$+\infty$
牛市	0	0.7	0.63	0.637	0.636 3	0.636 37	⋯	$\dfrac{7}{11}$
熊市	1	0.3	0.37	0.363	0.363 7	0.363 63	⋯	$\dfrac{4}{11}$

我们看到,随着时间的进展,牛熊市的概率再次趋于 $\dfrac{7}{11}$ 和 $\dfrac{4}{11}$。这说明这个过程无论从何起步,最后都趋于同一个方向。换句话说,这个过程有个极限。假定这个过程的极限的确存在,即随着时间趋于无穷,牛熊市的概率稳定在 w_1, w_2 上。那么,经过转换,牛熊市的概率仍为 w_1, w_2,即

$$\begin{cases} 0.6w_1 + 0.7w_2 = w_1, \\ 0.4w_1 + 0.3w_2 = w_2. \end{cases}$$

这两个方程是相关的,加上 $w_1 + w_2 = 1$,可解出 $w_1 = \dfrac{7}{11}$, $w_2 = \dfrac{4}{11}$。 这就从理论上证明了我们的验算。

这一类马尔可夫链称为正则链。它的定义为,存在一个正整数 n,使得其转移概率矩阵 P 满足 $P^n > 0$。 数学理论告诉我们正则链一定存在着极限。极限可类同上面的方法求出。

现在换一种说法,假定股市上有 N 种股票,并且这些股票都是“均质”的,即涨跌的可能性都是一样的。我们只关心每只股票“涨”或者“跌”的状态。如果从统计数据得知,每个交易日涨了又涨的可能性为 0.6,涨后跌的可能性为 0.4,跌了又跌的可能性为 0.3,跌后涨的可能性为 0.7。那么这个问题的转移概率矩阵和前面一样。如果今天涨票有 35%,其余是跌票,那么从前面的讨论中我们知道时间充分大后,涨跌的比例趋于 $\dfrac{7}{11}$ 和 $\dfrac{4}{11}$。我们来验证一下(表 2-3)。

表 2-3　涨票 35% 开始的股市演变过程

交易日	1	2	3	4	5	6	…	$+\infty$
涨票	0.35	0.665	0.633 5	0.636 65	0.636 34	0.636 37	…	$\dfrac{7}{11}$
跌票	0.65	0.335	0.366 5	0.363 35	0.363 66	0.363 63	…	$\dfrac{4}{11}$

如果股票不仅只有涨跌之分,还考虑了崩盘的可能性。例如,涨后崩盘的可能性为 0.01,而跌后崩盘的可能性是 0.05,其他转移状态的概率不变。并且崩盘的状态回不到市场交易的状态,即崩盘的股票退市,就不再可能涨或者跌。此时,转移概率矩阵成为

$$P = \begin{pmatrix} 0.59 & 0.7 & 0 \\ 0.4 & 0.25 & 0 \\ 0.01 & 0.05 & 1 \end{pmatrix}.$$

由此矩阵,我们就看看开始股市全涨时这种过程下的各种状态的概率的演变数据(表2-4)。

表2-4 具有崩盘可能的股市演变数据

交易	1	2	3	4	5	6	⋯	100	⋯	+∞
涨票	1	0.59	0.628 1	0.605 779	0.592 078	0.577 611	⋯	0.057 683	⋯	0
跌票	0	0.4	0.336	0.335 24	0.326 122	0.318 361	⋯	0.031 791	⋯	0
崩盘	0	0.01	0.035 9	0.058 981	0.081 801	0.104 028	⋯	0.910 526	⋯	1

那么,开始股市全跌时,情形又如何呢(表2-5)?

表2-5 从跌票开始的崩盘过程

交易	1	2	3	4	5	6	⋯	100	⋯	+∞
涨票	0	0.7	0.588	0.586 67	0.570 713	0.557 133	⋯	0.055 634	⋯	0
跌票	1	0.25	0.342 5	0.320 825	0.314 874	0.307 004	⋯	0.030 661	⋯	0
崩盘	0	0.05	0.069 5	0.092 505	0.114 413	0.135 864	⋯	0.913 705	⋯	1

从数据看出,无论从什么状态出发,尽管股票崩盘可能性很小,但随着时间进展,崩盘的股票会越来越多,如果没有新股票加入交易,最终所有股票都将退市。这种马尔可夫链称为吸收链。

【思考】 如果股票还有一种状态叫停顿状态,即非涨非跌状态,请分别就有无崩盘可能性的情形讨论其马尔可夫链的极限状态。

【推广】 再将问题拓展开来,现在考虑股票不仅有涨跌,还考虑它们的价位。这个问题比前面的问题复杂些,因为不同的价位就是不同的状态,这样,这个问题的状态有无穷多个。如果我们把问题简化,每天涨跌的多少由股票本身的波动性质决定,假定为一个已知数。那么,随着时间的推移,股票的价格状态最多只有可数多种。这种随机过程被称为随机游走。随机游走也是一个马尔可夫链。

马尔可夫链还有许多形式和性质,有兴趣的读者可参阅经典的随机过程教科书,如参考文献[2.2]。

2.3　随机过程问题 II——金融期权的二叉树方法定价*

这节是选修节,我们以金融期权的二叉树模型为例来进一步看随机过程是如何应用的。即在这里我们假定股票价格的随机过程满足上节讨论的随机游走。进一步的研习可参见参考文献[2.4]。

期权是一种依赖于其标的资产的金融产品。为了不让专业名词混淆我们的视线,我们只讨论最简单的以一张股票为标的的期权。

期权是一张合约,它赋予持有者一个不是一定要执行的权益:使之可以在一个约定的未来时间(到期日)以一个约定的价格(敲定价)购买(看涨)或出售(看跌)约定数量的股票(标的)。我们下面的讨论以看涨欧式期权为例,即所言的上述权益是购买权,只在到期日有效。

【问题 2‐3】　看涨欧式期权权益价值是多少?

【分析】　显然,这个权益的价值和未来股票价格的高低有关。而从今天到未来,每个交易日,股票的价格上下浮动都是随机的。所以,这个权益是一个未定权益。问题的关键点在于如何刻画股票价格的涨落。我们先简化股票价格涨落的过程。股票价格在每下一个交易日只有"涨"和"落"两种情形,而涨落的幅度是一定的,即其满足随机游走的马尔可夫链。再把过程简化到只有一个时间段,即期权在下一个交易日到期。把这个最简单的情形下的期权价研究清楚,就可以把所有期权的生命期分解成这样一个个小的"细胞元",最后归纳每个"细胞元"价值到初始时刻,从而得到期权定价。

【假定】

(1) 市场无套利。

(2) 不考虑税收和交易费。

(3) 标价为 S 的股票,现在股价为 S_0,在下个交易日只有两种可能,S_0u 和 S_0d,这里 $u>1>d>0$ 为已知,u 为涨幅率,d 为跌幅率。

(4) 市场无风险利率为常数 r。

(5) 期权以 S 为标的,标的在时刻 t 的价格为 S_t,敲定价为 K,到期日为 T,约定量为 1。

【建模】　我们下面分成两步走。

第一步:一个交易细胞元的定价。在模型假设下,期权在到期日的价值

S_T 只有两种可能：$(Su-K)^+$ 或 $(Sd-K)^+$。这里 $(x)^+=\max\{x,0\}$。现在我们构造一个投资组合 Π：买入一份期权 V，卖空 Δ 份标的股票 S，即 $\Pi=V-\Delta S$。可以调整 Δ 使得 Π 无风险，即可选取适当 Δ 的 Π 按无风险利率增长：$\Pi_T-\Pi_0=(1+rT)\Pi_0$。而 $\Pi_0=V_0-\Delta S_0$。所以，我们由 T 时刻期权价值的两种可能性得到

$$\begin{cases}(S_0u-K)^+-\Delta S_0u=(1+rT)(V_0-\Delta S_0),\\(S_0d-K)^+-\Delta S_0d=(1+rT)(V_0-\Delta S_0).\end{cases}$$

解这个关于 V_0，Δ 的方程组，得

$$\begin{cases}\Delta=\dfrac{(S_0u-K)^+-(S_0d-K)^+}{S_0(u-d)},\\[2mm]V_0=\dfrac{1}{1+rT}\left[\dfrac{(1+rT)-d}{u-d}(S_0u-K)^++\dfrac{u-(1+rT)}{u-d}(S_0d-K)^+\right].\end{cases}$$

这个表达式给出了期权在标的价格只有涨落两种状态，并只有一次交易时段的情形下期权的价值。更一般点，如果将 0 和 T 换成 t 和 $t+\Delta t$，S 从 S_t 变到涨落两状态 S_tu 和 S_td，而在 $t+\Delta t$ 时，标的已知期权的两种可能 $V_{t+\Delta t}^u$ 和 $V_{t+\Delta t}^d$，则有

$$V_t=\dfrac{1}{1+r\Delta t}\left[\dfrac{(1+r\Delta t)-d}{u-d}V_{t+\Delta t}^u+\dfrac{u-(1+r\Delta t)}{u-d}V_{t+\Delta t}^d\right].$$

当 Δt 充分小时，令 $q=\dfrac{(1+r\Delta t)-d}{u-d}$，则 $\dfrac{u-(1+r\Delta t)}{u-d}=1-q$，且 $0<q$，$1-q<1$。从表达式看出，V_0 实际上是除去一个无风险增长因子外对到期日两种可能性在某种概率意义下的期望（图 2-4）。

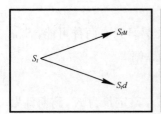 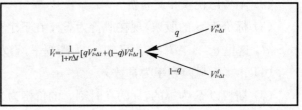

图 2-4

第二步：假定在到期日 T 前有 N 个交易日，$0=t_0<t_1<\cdots<t_N=T$，

在每个交易日,标的股票都只有涨落两种状态,并且幅度已知,于是,每过一个交易日,标的价格多了一个可能性,就像一棵树,每过一个节点多了一个叉。标的价格的变化就是一个随机过程。这样,到了到期日 T,标的股票就有了 $N+1$ 种可能性。整个过程如图 2-5 所示的树。

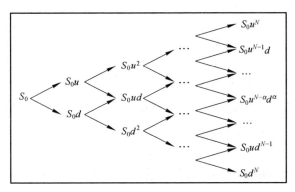

图 2-5

在到期日,期权的价值也有了 $N+1$ 种可能性。有了期权在 t_N 时的期权值,如果我们已知时刻 t_k 期权价值的可能性,而从 t_k 到 t_{k-1} 有 k 个交易细胞元,那么由第一步所得到的结果,我们就可以求出 t_{k-1} 时刻的 k 个期权值。那么由反向归纳法,可知对所有的 t_k,V_{t_k} 可以求出。特别地,我们可以得到 $V_{t_0} = V_0$。

【解模】　令时刻 $t_k (0 \leqslant k \leqslant N)$ 时的第 $\alpha (0 \leqslant \alpha \leqslant k)$ 个节点上,期权的价值为 V_α^k,则 $V_\alpha^N = (S_0 u^{N-\alpha} d^\alpha - K)^+$。再令 $\bar{\alpha} = \max\{\alpha \mid S_0 u^{N-\alpha} d^\alpha - K \geqslant 0, 0 \leqslant \alpha \leqslant N\}$,这样就有

$$V_\alpha^{N-1} = \frac{1}{1+r\Delta t} [qV_\alpha^N + (1-q)V_{\alpha+1}^N]$$

$$= \begin{cases} \dfrac{1}{1+r\Delta t} [q(S_0 u^{N-\alpha} d^\alpha - K) + (1-q)(S_0 u^{N-\alpha-1} d^{\alpha+1} - K)], & 若 \alpha \geqslant \bar{\alpha}, \\ 0, & 否则. \end{cases}$$

由反向归纳不难推得

$$V_\alpha^{N-h} = \begin{cases} \dfrac{1}{(1+r\Delta t)^h} \displaystyle\sum_{l=0}^{\bar{\alpha}-\alpha} \binom{h}{l} q^{h-l} (1-q)^l (S_{\alpha+l}^N - K), & 若 \alpha \leqslant \bar{\alpha}, \\ 0, & 否则. \end{cases}$$

记函数

$$\Phi(n, m, p) = \sum_{l=0}^{n} \binom{m}{l} p^{m-l} (1-p)^l, \quad \rho = \frac{1}{1+r\Delta t}, \quad \hat{q} = \frac{uq}{\rho},$$

则欧式看涨期权的定价公式为

$$V_\alpha^{N-h} = S_\alpha^{N-h} \Phi(\bar{\alpha}-\alpha, h, \hat{q}) - \frac{K}{\rho^h} \Phi(\bar{\alpha}-\alpha, h, q).$$

【问题 2‒4】 一张今天标的股票价为 10 元，敲定价为 11 元，1 个月后到期的一张该股票的欧式看涨期权，如果无风险利率为 12%，标的价每月上下浮动 2 元，求今天这张期权的期权金。

【解模】 这个问题只有一个时间段，我们作一个投资组合，买进一张股票，卖出 Δ 份看涨期权，此时该投资组合的价值为 $(10-\Delta c)$ 元，这里 c 是期权金。但股票上升时，即股票价值为 12 元，期权价值为 $12-11=1$ 元。该投资组合的价值为 $(12-\Delta)$ 元，而股票下跌时，股票价值为 8 元，期权价值为 0。要使投资组合无风险，那么 $(12-\Delta)=8$，即 $\Delta=4$。今天的投资组合的价值扣除利率的因素后应该为 $\dfrac{8}{1+0.01}=7.92$ 元。也就是说，在今天 $10-\Delta c = 7.92$ 元，容易解出 $c=0.52$ 元。

【思考】 如果此问题中的合约，规定期权的到期日是 3 个月，期权金如何算？

试建立欧式看跌期权的二叉树定价模型，即期权的合约规定在到期日可以一个敲定价出售一份股票。

2.4　数学模拟与 Monte Carlo 方法

Monte Carlo 方法，也称为蒙特卡罗方法，是一种计算机随机模拟方法，也就是随机抽样方法或基于"随机数"的统计试验方法，属于计算数学的一个分支。这种方法是 20 世纪 40 年代中期由于科学技术的发展和电子计算机的发明，而被提出的一种以概率统计理论为指导的一类非常重要的数值计算方法。它使用随机数（或更常见的伪随机数）来解决很多计算问题。把一些复杂的事件、过程和机理用大量的模拟实验来进行刻画和研究，最后得到一些结论。这些结论具有很高的参考价值。与它对应的是确定性算法,参见参考文献[2.3],[2.4]。

计算机又不是上帝,让它来扔骰子试试?

图 2-6

Monte Carlo 方法的基本思想很早以前就被人们所发现和利用。早在 17 世纪,人们就知道用事件发生的"频率"来决定事件的"概率"。18 世纪人们用投针试验的方法来确定圆周率 π。这一方法成形于美国在第二次世界大战研制原子弹的"曼哈顿计划"。该计划的主持人之一,美籍匈牙利著名数学家、计算机科学的奠基人冯·诺伊曼(John von Neumann,1903—1957)(图 2-6)用驰名世界的赌城——摩纳哥的 Monte Carlo——来命名这种方法,为它蒙上了一层神秘色彩。20 世纪 40 年代电子计算机的出现,特别是近年来高速电子计算机的出现,使得用数学方法在计算机上大量、快速地模拟这样的试验成为可能。

这种方法的基本思想是:当所要求解的问题是某种事件出现的概率,或者是某个随机变量的期望值时,通过某种试验的方法,得到这种事件出现的频率,或者这个随机变数的平均值,并用它们作为问题的解。即以概率模型为基础,抓住事物运动的几何数量和几何特征,利用数学方法来加以模拟,用实验的结果来作为所讨论问题的近似解。就像民意测验结果不是全部登记选民的意见,而是通过对选民进行小规模的抽样调查得到的可能的民意。

Monte Carlo 方法的一个关键点是随机数的计算机抽取。计算机不能产生真正的随机数,但在一般情形下,计算机产生的伪随机数是够用的,对于这方面的知识,读者可以参考这方面的专业书。

下面的简例可以了解这个方法是怎么用的。

【问题 2-5】　考虑平面上的一个边长为 1 的正方形及其内部的一个形状不规则的图形(如图 2-7 所示的正方形中的白色图形),如何求出这个图形的面积呢? Monte Carlo 方法是这样一种"随机化"的方法:向该正方形随机地投掷 N 个点,其中有 M 个点落于图形内,则该图形的面积近似为 $\dfrac{M}{N}$。

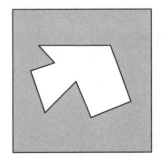

图 2-7

【解模】 对这个问题,古典的方法是大量地、随机地向这个正方形方框里投针,看看落在白色图形里的针与所有所投出针的比例,我们可以估算出白色图形的面积。用现代方法,我们可以用计算机抽取在方形中均匀分布的随机数,然后算出落在白色图形里的随机数与所有抽出随机数的比例并以此来估算白色图形面积。

Monte Carlo 方法已广泛地应用于许多应用领域,如计算物理学、金融计算、量子热力学计算、分子动力学等。Monte Carlo 方法的优点是计算复杂性不再依赖于维数,并适用于研究复杂的和机理不清的体系。近代计算机的发展,使得该方法的适用范围大大扩展。我们可以用其仿真演习一个城市的灾难应对能力,也可以用其实测分析一套生产新型管理系统,还可以进行沙盘推演,模拟一场现代化战争。

其解题过程有下列三个主要步骤:

(1) 构造或描述概率过程。对于本身就具有随机性质的问题,主要是正确描述和模拟这个概率过程,对于本来不是随机性质的确定性问题,比如计算定积分,就必须事先构造一个人为的概率过程,它的某些参量正好是所要求问题的解。即要将不具有随机性质的问题转化为随机性质的问题。

(2) 实现从已知概率分布抽样。构造了概率模型以后,按照这个概率分布抽取随机变量(或随机向量),这一般可以直接由软件包调用,或抽取均匀分布的随机数构造。这样,就成为实现 Monte Carlo 方法模拟实验的基本手段,这也是 Monte Carlo 方法被称为随机抽样的原因。

(3) 建立各种估计量。一般说来,构造了概率模型并能从中抽样后,即实现模拟实验后,我们就要确定一个随机变量,作为所要求的问题的解,我们称它为无偏估计。建立各种估计量,相当于对模拟实验的结果进行考察和登记,从中得到问题的解。

我们先通过用 Monte Carlo 方法计算定积分来从理论上了解这个方法是如何工作的。

考虑积分

$$I_a = \Gamma(a) = \int_0^{+\infty} x^{a-1} e^{-x} dx, \ \alpha > 0,$$

将这个积分看作某随机变量 X 的数学期望。如果假定 X 的密度 $f_X(x) = e^{-x}$,则 $I_a = E(X^{a-1})$。

抽取密度为 e^{-x} 的随机数 X_1，X_2，$\cdots$，X_n，构造统计数 $\hat{I}_a = \dfrac{1}{n}\sum_{i=1}^{n} X_i^{a-1}$，则

$$E(\hat{I}_a) = \frac{1}{n} E\Big(\sum_{i=1}^{n} X_i^{a-1}\Big) = \frac{1}{n}\sum_{i=1}^{n} E(X_i^{a-1})$$

$$= \frac{1}{n}\sum_{i=1}^{n} E(X^{a-1}) = \frac{n}{n} E(X^{a-1}) = I_a.$$

且

$$Var(\hat{I}_a) = Var\Big(\frac{1}{n}\sum_{i=1}^{n} X_i^{a-1}\Big) = \frac{1}{n^2}\sum_{i=1}^{n} Var(X_i^{a-1})$$

$$= \frac{n}{n^2} Var(X^{a-1}) = \frac{1}{n} Var(X^{a-1}),$$

即

$$\sigma(I_a) = \frac{1}{\sqrt{n}}\sigma(X^{a-1}).$$

例如 $\alpha = 1.9$，$I_{1.9} = \displaystyle\int_0^{+\infty} x^{0.9} e^{-x} \mathrm{d}x$，用 Monte Carlo 方法计算这个定积分。取

$$X_i = -\ln R_i,\ R_i \sim U(0,\ 1),$$
$$R_1 = 0.058\,7,\ R_2 = 0.096\,1,\ R_3 = 0.901\,9,\ R_4 = 0.309\,5,$$
$$\hat{I}_a = 1.497.$$

而 $\Gamma(1.9) = 0.961\,76$，这个 4 次模拟的结果不好。但如果要达到 0.001 的精确度，就要约 11 万次计算。

重写积分 $I_{1.9} = \displaystyle\int_0^{+\infty} x e^{-x}\Big(\dfrac{1}{x^{0.1}}\Big) \mathrm{d}x$。密度函数为 $f_Y(y) = y e^{-y}$，取两个随机数 R_1，$R_2 \sim U(0,\ 1)$，令 $Y = -R_1 \ln R_2$，计算 $I_{1.9} = E\Big(\dfrac{1}{Y^{0.1}}\Big)$。取 8 个随机数：

$$R_1 = 0.007\,8,\ R_2 = 0.932\,5,\ R_3 = 0.108\,0,\ R_4 = 0.006\,3,$$
$$R_5 = 0.549\,0,\ R_6 = 0.855\,6,\ R_7 = 0.977\,1,\ R_8 = 0.278\,3,$$

$$\hat{I}_{1.9} = 0.918\,7.$$

这 4 次模拟大大地改善了结果。

这个例子说明分析和设计的重要性。

下面,我们再来看两个用 Monte Carlo 方法建模解模的实例。

【问题 2 - 6】 中子穿墙问题。图 2 - 8 是一个中子穿过用于中子屏蔽的铅墙示意图。铅墙的高度远大于左右厚度。设中子是垂直由左端进入铅墙,在铅墙中运行一个单位距离然后与一个铅原子碰撞。碰撞后,任意改变方向,并继续运行一个单位后与另一个铅原子碰撞。这样下去,如果中子在铅墙里消耗掉所有的能量或者从左端逸出就被视为中子被铅墙挡住,如果中子穿过铅墙由右端逸出就视为中子逸出。如果铅墙厚度为 5 个单位,中子运行 7 个单位后能量耗尽,求中子逸出的概率。

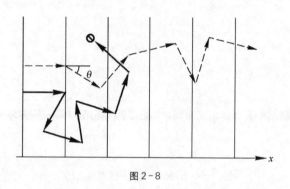

图 2-8

这个问题并不复杂,但不容易找到一个解析表达式。而用模拟的方法求解却可以方便地得到满意的结果。

【建模】 下面我们给出这个问题的模拟程序。我们关心的是一次碰撞后,中子在 x 轴方向行进了多少,所以行进方向是正负 θ 的结果是一样的,我们就只考虑 θ 是正的情形。由于中子运行的方向 θ 是随机的,我们用计算机抽取在 0 到 π 间均衡分布的随机数,模拟 1 000 000 个中子在铅墙里行进的情形,看看这些中子与铅原子碰撞 7 次后,有多少超过了铅墙的右端。其伪代码为:

(1) 选择 7 个(0, 1)间均匀分布随机数。

(2) 将这些随机数乘以 π 后求余弦值,然后累加。

(3) 判断累加过程中和数是否小于 0。

(4) 判断累加过程中和数是否大于 5。

(5) 如果(3)不发生,而(4)发生,计数加 1。

(6) 最后将计数和除以总试验次数得到中子穿越铅墙的比例。

【解模】 容易将上面的伪程序写成计算程序:

```
% 中子穿越模拟
N = 1e6;
p = 0;
for k = 1:N,
    t = rand(1, 7);
    x = cumsum( cos(t* pi) );
    a = find(x< 0);
    b= find(x> 5);
    if˜ isempty(b),
        if  isempty(a),
            p = p+ 1;
        elseif b(1)< a(1), % not happen in this case
            p = p+ 1;
        end
    end
end
p/N
```

我们运行程序得到逸出铅墙的中子的可能性约为 0.28%。

【应用】 有了这个数字,我们可以报告安全部门,如果数字不能达到安全要求,我们则要加厚铅墙。

下面我们再看一个例子。

【问题 2-7】 图书馆借书问题。图书馆里有一本教学参考书,表 2-6 和表 2-7 显示连续索借间隔时间和借出时间的概率。

表 2-6 索借间隔分布

索借间隔时间(天)	1	2	3	4	5
概 率	0.1	0.4	0.3	0.1	0.1

表 2-7 借出时长分布

借出时间(天)	2	3	4	5	6	7	8
概 率	0.05	0.10	0.15	0.20	0.25	0.15	0.10

试求索借请求被拒绝的概率以及书本在外的时间比例。如果要将索借请求被拒绝的概率降到 10% 以下,图书馆应该准备该书几本拷贝?

【分析】 这个问题索借请求和持书时间都是随机量,要解决题设问题,比较好的方法是用 Monte Carlo 模拟。

【假定】

（1）索借请求时间和持书时间为两个随机过程，由模拟得出。

（2）第一天时这本书借出，下一个索借请求时间是第一个模拟序列的首项。

（3）持书时间为第二个模拟序列的首项。

（4）还书在每天开始时完成，从而可应对当天的索借需求。

（5）如果书在库，索借请求无条件满足。

【解模】 先写出索借请求时间和持书时间序列的累积概率（表 2-8 和表 2-9）。

表 2-8　索借间隔累积概率

索借间隔时间（天）	1	2	3	4	5
累积概率	0.1	0.5	0.8	0.9	1.0

表 2-9　借出时间累积概率

借出时间（天）	2	3	4	5	6	7	8
累积概率	0.05	0.15	0.30	0.50	0.75	0.90	1.00

定义两个事件：事件 1，下一个索借发生；事件 2，书本归还。然后用计算机选择 $(0, 1)$ 之间均匀分布的随机数模拟这两个随机事件。即计算机挑出来的随机数落进了表 2-8 和表 2-9 的那个区间，就假定该区间对应的随机事件发生。算法伪代码如下：

（1）设定随机种子，设置初始值，计算累计概率。

（2）对于模拟的每一天，作下面整个循环。

（3）检查当天有无书籍流通，把它们的还书期限减 1 天。

（4）检查当天有无书籍到期，重新设置书库存数量。

（5）检查当天有无借书。

（6）若无，下一个预期借书天数减 1。

（7）若有，产生下一个预期借书日。

（8）且根据图书馆有无存书，产生借出或者拒借。

（9）统计拒借率。

写成程序：

```
function z = lib(pr, ph, nd, nc, opt)
%  图书馆借书模拟
%  nc: number of book copies in library
%  nd: number of days simulated
%  ph: probability of # days with book- held, at least 1 days
%  pr: probability of # days between two requires.
%  opt: 1 print record everyday
   if nargin< 5, opt = 0;
      if nargin< 4, nc = 1;
         if nargin< 3, nd = 100000;
            if nargin< 2, ph = [0.05 0.1 0.15 0.2 0.25 0.15 0.1];
               if nargin< 1, pr = [0.1 0.4 0.3 0.2];
               end; end; end; end; end
   rand('seed', sum(100* clock));          % set random seed
   cpr = cumsum(pr);
   cph = cumsum(ph);
   nrq = min(find(rand< cpr));
   ndr = min(find(rand< cph));
   nc  = nc - 1;
   s   = 'Y';
   yn  = 'B';
   cf  = 0;       % count of refused
   ca  = 0;       % count of require accepted
   fprintf('Day | Next RQ | Day2Return | Bor? Ret | Deal | #  in Lib\
n');
   fprintf('% 3d % 8d   [% 10s] % 7c % 5c % 8d\n', 0, nrq, sprintf('%
d ', ndr), yn, s, nc);
   for d = 1:nd,
      if ˜isempty(ndr),      % check the returning book
         ndr = ndr - 1;
         r = sum(ndr= = 0);
         if r > 0,
            ndr = ndr(ndr> 0);
            yn = 'R';
            s = 'R';
            nc = nc + r;
            fprintf('% 3d % 8d   [% 10s] % 7c % 5c % 8d\n', d, nrq,
            sprintf('% d ', ndr), ydn, s, nc);
         end
      end
   nrq = nrq - 1;
   if nrq= = 0,    % check the borrowing book
      nrq = min(find(rand< cpr));
      yn = 'B';
      if nc> 0,
         s= 'Y';
         ca = ca+ 1;
         nc = nc - 1;
```

```
        t = min(find(rand< cph));
        ndr = [ ndr t ];
    else
        s = 'N';
        cf = cf + 1;
    end
    fprintf('% 3d % 8d  [% 10s] % 7c % 5c % 8d\n', d, nrq, sprintf('%
    d ', ndr), yn, s, nc);
  elseif opt = = 1;
    fprintf('% 3d % 8d  [% 10s] % 7c % 5c % 8d\n', d, nrq, sprintf('%
    d ', ndr), yn, s, nc);
  end
end
z= cf/(cf+ ca) * 100;
fprintf('The probability of refuse is: % 4.2f% % . \n\n', z);
```

运行 100 000 次后,得索借请求被拒绝的概率为 51%。如想要知道需要多少拷贝才能使拒绝率降至 10%以下,可进行如下实验:

```
>> pr = [0.1 0.4 0.3 0.2];
>> ph = [0.05 0.1 0.15 0.2 0.25 0.15 0.1];
>> nd = 100000;
>> nc = 1;
>> opt = 0;
>> z = 100;
>> while z> 10,
      z = lib(pr, ph, nd, nc, opt);
      nc = nc + 1;
   end
>> nc = nc - 1
```

可知仅需三个拷贝就可以满足需要。

【问题 2-8】 理发师问题(图 2-9)。理发店有三名理发师,平均每隔 10 min 有一名顾客到店(即顾客到店时间间隔服从参数为 10 的指数分布)。顾客按先到先理发的原则接受服务,平均理发时间服从区间[15, 30]上的均匀分布。假定理发师从上午 10:00 开始工作,但理发店从上午 9:50 起开门迎客,下午 17:50 分关门,但之前已经在店内的顾客仍将接受服

图 2-9

42

务。顾客按先后次序排队。只要有顾客在,理发师就不能休息;没有顾客时,理发师休息。早休息的理发师为新顾客服务。试问这样一个排队系统的顾客平均等待时间是多少? 每个理发师一天内的理发次数及相应的劳动强度是多少? 理发店的营业时间分别为多少?

【分析】　由于该问题是个三台服务的排队问题,是一个随机问题,我们采用随机模拟方法加以求解。

【建模】

(1) 抽取三个指数分布的随机数。

(2) 用 cumsum 函数对这三个随机数进行叠加,表达三位先后到达理发店的时间。

(3) 以 $t=0$ 表示理发师开始工作的时间;用服从区间[15,30]上均匀分布的随机数表示每次服务的时间。

(4) 计算顾客接受服务时间与到店的时间差表示该顾客的等候时间。

(5) 抽取下一位顾客到店时间,并开始循环。

(6) 判断最后进店的顾客到店时间是否超过 17:50 而是否提供服务($t=$ 470 为最后关门时间)。

(7) 最后按工号检索每名理发师的工作情况。

(8) 计算劳动强度和每个理发师服务的顾客数。

【解模】

```
% 该程序用数据模拟方法模拟三台服务的排队情况, 其中变量
% a——顾客到店时间
% b——服务台开始服务时间
% s——每次服务的服务时间
% w——每名顾客的等待时间
% e——每次服务的结束时间
% awt——平均等待时间
% ast——每名理发师的平均服务时间
% sr——劳动强度
clear,clc
a=cumsum(exprnd(10,1,3))−10;  % 三名顾客到店时间
b=(a>0).* a;                  % 理发师开始工作时间,从上午 10:00 开始
s=unifrnd(15,30,1,3);         % 每个理发师的工作时间
e=b+s;                        % 每个理发师当前服务的结束时间
w=b−a;                        % 三名顾客的等待时间
c=[1 2 3];                    % 三名理发师的工号
b1=b(1);b2=b(2);b3=b(3);
e1=e(1);e2=e(2);e3=e(3);
a(4)=a(3)+exprnd(10);         % 下一个顾客到店
```

```
    b0=b;e0=e;k=4;
┌ while a(k)< 470                          % 判定理发店是否关门并开始循环
│   [m,j]=min(e0);                         % 第一个结束工作的理发师为下一个顾客进行
│                                            服务
│   b(k)=max(a(k),m);
│   s(k)=unifrnd(15,30);
│   e(k)=b(k)+s(k);w(k)=b(k)-a(k);
│   b0(j)=b(k);e0(j)=e(k);c=[c,j];
│   k=k+1;
│   a(k)=a(k-1)+exprnd(10);
└ end

    a(end)=[];
    n=length(s);aw=sum(w)/n;as=sum(s)/n;  % 计算顾客数、平均等待时
                                            间等
    disp(' #n arive begin end  waite serve sever')
    disp([(1:n)',a',b',e',w',s',c'])       % 显示相应的计算结果
    disp('awt ast')
    disp([aw,as])
    t=max(480,e(end));                     % 理发店结束工作时间
    f1=find(c==1);f2=find(c==2);f3=find(c==3);
                                           % 检查每名理发师的工作
                                            情况
    t1=sum(e(f1)-b(f1));t2=sum(e(f2)-b(f2));t3=sum(e(f3)-b(f3));
    sr=mean([t1 t2 t3])/t;                 % 计算劳动强度
    f11=[f1',b(f1)',e(f1)',(e(f1)-b(f1))'];disp(f11),pause(5)
    f12=[f2',b(f2)',e(f2)',(e(f2)-b(f2))'];disp(f12),pause(5)
    f13=[f3',b(f3)',e(f3)',(e(f3)-b(f3))'];disp(f13),
    disp(['  t   t1   t2   t3   sr'])       % ti 表示第 i 名理发师服
                                            务的顾客数
    disp([t t1 t2 t3 sr])
    n1=length(f1);n2=length(f2);n3=length(f3);
    disp([n1 n2 n3])
```

运行该程序后,可得到相应的模拟一次的数据。下面显示的是运行该程序之后的模拟结果。

```
        t        t1        t2       t3       sr
   491.7287 354.8653 379.0438 360.3837  0.7418
     17  16  16
```

在该次模拟中,总服务时间为 491 min,劳动强度为 0.741 8,各名理发师的理发次数分别为 17,16,16。如果要得到期望值,需要模拟多次然后计算平均值。

【思考】

(1) 如果考虑理发师中午有半小时的吃饭休息时间。

(2) 理发师有快慢手,问题怎么解决?

2.5　元胞自动机

元胞自动机，又称细胞自动机（cellular automata），是一种离散的随机算法。这种方法在模拟可计算性、生物学及其他一些应用学科中都有着广泛的应用。元胞自动机的算法原型最早由冯·诺伊曼在 1950 年代提出，用来模仿生物细胞的自我复制。1970 年后，康韦（J. Conway）设计了一个电脑游戏——生命游戏，从而引起了广泛的关注。后来 S. Wolfram 对这些模型进行了深入而细致的研究，把细胞自动机分成了平稳型、周期型、混沌型和复杂型等类型。

元胞自动机算法把空间分割成离散的小格，通常是无限的。每个格子通常就称为元胞，会有不同的状态，这些状态会随着时间的变化而变化，而每个元胞变化的方式仅与该元胞以及附近某些元胞当前的状态有关。一般地，每个元胞的变化服从的规则都是相同的，并且它们所发生的变化是同时的。

生命游戏　生命游戏是康韦在 1970 年发明的一个电脑游戏，该游戏实际上没有人的参与。在 Matlab 软件中你可以输入 life 命令就可以进入该游戏。

生命游戏把一个二维矩形的平面分割成无数个全等的正方形，平面变成一个正方形网格，这就是生命游戏的元胞，也称为细胞。每个元胞的状态只有两种：活着或者死了，分别用 1 和 0 表示（在图 2-10 中生为黑色，死为灰色）。每个元胞的周围有 8 个元胞，而该元胞的下一个时刻的生或者死的状态则完全由这周围的 8 个元胞决定，规则如下：

（1）如果一个元胞周围有 3 个元胞为生，则该元胞下一时刻状态为生，不论当前状态如何；

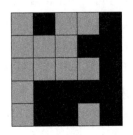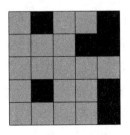

图 2-10

（2）如果一个元胞周围有 2 个元胞为生,则该细胞的生死状态保持不变;

（3）其他情况下,该元胞下一时刻状态为死,不论当前状态如何。例如,如果上一时刻是图 2-10 中的左边的图形,则下一时刻就变成右图。

在 Matlab 的生命游戏中,处在边上或者角落里的每个元胞,它的周围 8 个元胞就是周期地用这个空间(图 2-10 是 5 行 5 列的 25 个元胞空间)铺满整个空间时的 8 个邻居。即当一个元胞在目前没有上方的邻居,则它的上方的邻居就是同一列的最底下的那一个,以此类推。

表面上,元胞空间的状态是毫无规律的。但是,在一些局部,它可能有一定的周期性,例如图 2-11 的模块能够在下一时刻变成它自己。

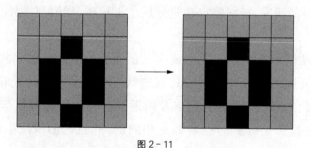

图 2-11

而图 2-12 的这个模块能周期性地变化。

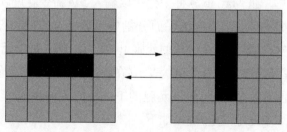

图 2-12

在生命游戏的进行中,杂乱无序的元胞空间会逐渐演化出各种精致、有规律的结构;这些结构大部分有很好的对称性,而且每一代都在发生变化。有时,你也能发现一些已经成形的结构会因为一些移动的细胞"碰撞"而被破坏。甚至,你可以看到一些能够自己移动的滑块。你可以自己编辑 matlab 中的 life 源程序,看看能不能给出自己的一些结果。

【交通问题中的元胞自动机】 1992 年,K. Nagel 和 M. Schreckemberg 提出了一维交通流的元胞自动机模型,简称为 NS 模型。从此以后,很多学者提出了二维交通流等其他更加复杂的元胞算法的应用,并得到了大量的研究成果。

NS 模型可以用来模拟单车道的公路交通流,由于和实际观测结果较为吻合,该模型已经得到了广泛的应用。NS 模型用一个一维的点阵(格子序列)代表一条单车道,每一个点(格子)是一个元胞,可以容纳一辆车。该格子有没有一辆车在其中就是它的两种不同的状态——可以理解为生和死。每一辆车在下个时刻的位置和两个要素有关:它的速度(单位时间移动的格子数)和它前方空格子的数量。该规则如下:

加速规则:如果当前速度不是最大速度 v_{max},则速度可以提高一格;

减速规则:如果速度会使得该车撞上前车,即速度值大于前方空格数,则减速为空格数的值;

随机规则(可选):在一定概率下,可以在上述规则允许的最大速度下选择一个速度;

运动规则:把该车按照选定的速度向前移动,得到该车的下一个状态。

例如,如果允许的最大速度是 2,即单位时间 2 格,则可以发生这样的变化,如图 2 - 13(假设右方为前)。

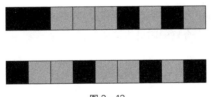

图 2 - 13

如果没有采用随机规则,则该模型就是一个确定型的细胞自动机模型。在足够大的空间中(足够多的格子),你可以利用它得到该规则下的平均车流速度、车流密度等。一般地,我们采用随机的规则,并且在这段路的左右两端可以采用不同的规则:车辆可以随机从左端进入,最右端的车辆则会在下一时刻退出这个系统。

考虑双车道的交通模型,这时我们假定车辆都是右行左超车,且所有驾车者都是理性的,不会发生撞车危险。在一般情况下,我们可以假设两个车道允许的最大速度是不相同的。在双车道模型中,你可以根据需要更改上述四条单车道规则,而一般地我们可以有下面的换道规则:

换道规则:当一辆车处于右车道,速度大于前方空格数,但小于左车道前方空格数,则该车可以换到左车道,且下一时刻可以按照既定速度向前移动。

当然,你还可以考虑从左车道换到右车道的规则。比如

换回规则: 当一辆车处于左车道,速度大于前方空格数,但此时右车道前方空格数不少于左车道前方空格数,则该车可以减速换到右车道。

当然,在细胞自动机这个模型中,所有的车辆都应该是标准车,这样每一个格子的大小是完全一致的。

关于两条以上的车道的模拟,或者关于相关问题的介绍,可以查看美国建模竞赛 2014 年 A 题,或者全国数学建模竞赛 2013 年 A 题。

2.6 习题

1. 一个公司里的职员,每年都要考核,并按考核的结果上岗。考核优者予以高薪及上重要岗位;考核及格成绩一般者,予以中薪及上一般岗位;通不过考核者,低薪学习,不能上岗。而且每年晋级或降级只能一步。请考虑下面几种情况:

(1) 优者考优的概率为 0.7,及格考优者的概率为 0.2,原及格者考试失败的概率为 0.1,不及格者再考及格率为 0.5。

(2) 如果连考两次都不合格的职员将被请退,其概率为 0.1,其他概率同前。

(3) 如果连考两次都不合格的职员将被请退,但空缺立即由新进职员补充。新进职员必须学习后参加考试。

(4) 如果各岗位每年都有 1% 的离职率,但空缺立即由新进职员补充。新进职员必须学习后参加考试。

请问以上各种情况下,三种上岗状态构成的马尔可夫链是什么链?如果有极限,极限是什么?

2. 一农业新品种在异地推广需要评估风险。该品种有育种、大田和成熟三阶段,每阶段的状态有良好、适应、不适应和绝产四种状态。如不考虑自然灾害和其他人为因素,转移状态概率分别为:良好→适应 20%,良好→不适应 10%,良好→绝产 0%,适应→不适应 30%,适应→良好 20%,适应→绝产 10%,不适应→良好 0%,不适应→适应 10%,不适应→绝产 50%。绝产状态不可能回到其他状态。在任何阶段,绝产为失败,则推广试验失败。写出状态转移矩阵,并求出当育种状态为良好时,推广试验失败的概率。

3. 机房里有两台同样的电脑。机房规定,每人使用不能超过一周。周二到周五完工歇机的可能性相同,而在周末工作人员休息不能接受新上机者,用机请求频率为每周 3 次,每个请求发生在工作日的可能性都相同。用 Monte Carlo 模拟机器使用的过程,并求出请求被拒绝的可能性大小。

4. 公交车 5 min 一班经过某个站点,但公交车会有不准时的现象。假定公交车在规定时间的 ±1 min 内到的可能性均等,用 Monte Carlo 模拟公交车到站的情形,并计算乘客的平均候车时间。如果车到站时间按正态分布,结果如何? 如果公交车晚到的可能性比早到的可能性大,针对不同的分布讨论这个问题。

5. 假设电梯运行每层的时间相同,如果乘客以 Poisson 分布的概率到达,并且去每层的概率相同,用 Monte Carlo 方法分别模拟有一台和两台电梯时乘客的等候时间。

6. 如果每次考试成绩满足正态分布,每学期有五门考试,两门不及格要留级,留级两年要劝退。用 Monte Carlo 模拟考试情况,并估计劝退率。

7. 试建立美式看跌期权的二叉树定价模型,即期权的合约规定在到期日之前任何时刻可以以一个敲定价出售一份股票。

8. 用元胞方法模拟一个广场中人的疏散问题。假设广场中人都处在一个元胞中,且广场出口是有限的几个(3 个或者 4 个)。广场中所有人的流动方向仅受其周边的人的影响。发明一个自己的规则,模拟这个疏散问题。

9. 利用元胞方法模拟下面问题。模拟计算 3 个车道的路面因其中一个车道(施工或者车祸)受阻而产生并道后,车道通行效率的变化情况。你是否可以得到,受阻的车道分别为左车道、中间车道以及右车道时,通行效率大小的关系? 假设所有车辆都是左驾右行,从左侧超车,且 3 个车道未受阻正常行驶的速度从高到低分别为左车道、中间车道和右车道。

第3章
数学规划问题

　　线性规划是数学规划中研究较早、发展较快、应用广泛的一个重要分支，也是数学模型中的一项重要内容。它在生产安排、物质运输、投资决策、交通运输等现代工农业和经济管理等方面都有着广泛的应用。我们知道，在经济活动中提高经济效益一般可通过两个途径：第一是加强技术方面的改造以降低生产过程中对资源的消耗从而降低制造成本；第二是提高企业的管理，即合理安排人力及物力，以降低企业的管理成本。

有规才有划……

图 3-1

　　线性规划最早由俄罗斯数学家康托罗维奇（Леонид Витальевич Канторович，1912—1986）（图 3-1）首先提出。1947 年美国数学家丹齐克（George Bernard Dantzig, 1914—2005）提出了解决线性规划的普遍算法——单纯形法。1947 年美国数学家冯·诺伊曼提出了对偶理论并开创了线性规划的许多新领域。线性规划相关的研究领域包括整数规划、随机规划和非线性规划的算法研究。

　　本章侧重于线性规划模型的建立。由于计算机的发展和线性规划软件包的应用，理论计算的 3.3 节读者可以选读。在 3.4 节中，我们介绍应用线性规划软件包计算线性规划问题。介绍的软件包是 Lingo 和 Matlab。非线性规划的 3.6 节也是选读，对此有兴趣的读者可进一步阅读相应的参考文献如书后所列的书目，如[3.1]—[3.4]。

3.1　线性规划模型的建立

【**问题 3-1**】　投资决策问题。某基金公司为扩展业务需要招聘部分基金经理。在业务考试中,考官提出了这样一个问题:

为公司制定一个五年期的投资计划,现已知有四个投资项目可供选择。

项目 A:于每年年初可进行投资,于次年末完成,投资收益为 6%。

项目 B:于第三年年初进行投资,于第五年年末完成,投资收益为 16.5%,投资额不超过 35 万元。

项目 C:于第二年年初进行投资,于第五年年末完成投资,投资收益为 21.5%,投资额不超过 40 万元。

项目 D:于每年的年初可进行投资,并于当年末完成,投资收益为 2.35%。

该公司现有资金 100 万元,试为该公司制定投资计划。

【**建模**】　以 $i=1,2,3,4,5$ 代表年份,$j=1,2,3,4$ 分别表示四个项目,x_{ij} 表示在第 i 年对项目 j 的投资额。显然,每年的资金必须全部用于某些项目的投资。由条件所设知每年可行的投资计划为

第一年:　　　　　　　　x_{11},x_{14}.

第二年:　　　　　　　x_{21},x_{23},x_{24}.

第三年:　　　　　　　x_{31},x_{32},x_{34}.

第四年:　　　　　　　　x_{41},x_{44}.

第五年:　　　　　　　　　x_{54}.

相应的限制条件为

$$x_{11}+x_{14}=100;$$

$$x_{21}+x_{23}+x_{24}=1.023\,5x_{14};$$

$$x_{31}+x_{32}+x_{34}=1.06x_{11}+1.023\,5x_{24};$$

$$x_{41}+x_{44}=1.023\,5x_{34}+1.06x_{21};$$

$$x_{54}=1.023\,5x_{44}+1.06x_{31};$$

$$x_{32}\leqslant 40,\ x_{23}\leqslant 35.$$

而目标函数为

$$z = 1.06x_{41} + 1.215x_{23} + 1.165x_{32} + 1.023\,5x_{54}.$$

由此得到相应的数学表达式:

$$\max z = 1.06x_{41} + 1.215x_{23} + 1.165x_{32} + 1.023\,5x_{54},$$

$$
\text{s. t.}
\begin{cases}
x_{11} + x_{14} = 100, \\
x_{21} + x_{23} + x_{24} = 1.023\,5x_{14}, \\
x_{31} + x_{32} + x_{34} = 1.06x_{11} + 1.023\,5x_{24}, \\
x_{41} + x_{44} = 1.023\,5x_{34} + 1.06x_{21}, \\
x_{54} = 1.023\,5x_{44} + 1.06x_{31}, \\
x_{32} \leqslant 40, \ x_{23} \leqslant 35,
\end{cases}
$$

$$x_{ij} \geqslant 0, \ i = 1, 2, 3, 4, 5, \ j = 1, 2, 3, 4.$$

表达式中的 s. t. 为 subject to 的缩写,表示约束条件。

有时问题的变量除了不能是负数,还被要求是整数,如下面的例子。

【问题 3-2】 钢管余料问题。某车间为其他部门生产 200 套钢管三脚架,每套由长度为 2.9 m,2.1 m,1.5 m 的钢管各一根组成。已知原料钢管的长度为 7.4 m,如何确定钢管的切割方案,能使钢管的利用率最高?

【建模】 首先对长度为 7.4 m 的钢管要确定合适的切割方案,并使得每次切割后丢弃的原料尽可能少。为此建立所有可能的切割方案(表 3-1)。

表 3-1 不同下料方案

编 号	2.9 m	2.1 m	1.5 m	余 料
1	2	0	1	0.1
2	1	2	0	0.3
3	1	1	1	0.9
4	1	0	3	0
5	0	3	0	1.1
6	0	2	2	0.2
7	0	1	3	0.8
8	0	0	4	1.4

以 $x_i (i = 1, 2, \cdots, 8)$ 表示在第 i 种方案下使用的钢管原料数,注意到它

们应该是整数。则一个合适的切割方案表现为下面的数学关系式：

$$\begin{cases} 2x_1+x_2+x_3+x_4 \geqslant 200, \\ 2x_2+x_3+3x_5+2x_6+x_7 \geqslant 200, \\ x_1+x_3+3x_4+2x_6+3x_7+4x_8 \geqslant 200. \end{cases}$$

而衡量方案好坏的评价指标为在该方案下所丢弃的余料数，即反映为余料函数

$$z=0.1x_1+0.3x_2+0.9x_3+1.1x_5+0.2x_6+0.8x_7+1.4x_8,$$

并注意到 x_i 表示的是在第 i 种方案下所使用的原料数，因而有 $x_i \geqslant 0$。由此得到该问题所对应的数学关系式：

$$\begin{aligned} \min z = &2.9 \times (2x_1+x_2+x_3+x_4-200)+2.1 \times (2x_2+x_3+3x_5+2x_6 \\ &+x_7-200)+1.5 \times (x_1+x_3+3x_4+2x_6+3x_7+4x_8-200) \\ &+0.1x_1+0.3x_2+0.9x_3+1.1x_5+0.2x_6+0.8x_7+1.4x_8, \end{aligned}$$

$$\text{s. t.} \begin{cases} 2x_1+x_2+x_3+x_4 \geqslant 200, \\ 2x_2+x_3+3x_5+2x_6+x_7 \geqslant 200, \\ x_1+x_3+3x_4+2x_6+3x_7+4x_8 \geqslant 200. \end{cases}$$

$x_i \geqslant 0$，并且 x_i 是整数 $(i=1, 2, \cdots, 8)$。

该模型可以进一步改写成

$$\min z = \sum_{i=1}^{9} x_i,$$

$$\text{s. t.} \begin{cases} 2x_1+x_2+x_3+x_4 \geqslant 200, \\ 2x_2+x_3+3x_5+2x_6+x_7 \geqslant 200, \\ x_1+x_3+3x_4+2x_6+3x_7+4x_8 \geqslant 200. \end{cases}$$

$x_i \geqslant 0$，并且 x_i 是整数 $(i=1, 2, \cdots, 8)$。

【思考】 利用率高也可理解为使用原料钢管数最少。这时候，该如何建模？一般地，同时要求两个目标最大（小）的问题是双目标规划，这是多目标规划的一种。

下面的运输问题是线性规划中的经典问题。

【**问题 3-3**】 运输问题（图 3-2）。设有一种物资，它有 m 个产地，记为 A_1，A_2，$\cdots$，A_m，各产地的产量分别为 $a_i(i=1, 2, \cdots, m)$。对这些物资，有 n 个需求点，需求点记为 $B_j(j=1, 2, \cdots, n)$，其需求量分别为 $b_j(j=1, 2, \cdots, n)$。并假设 $\sum_{i=1}^{m} a_i = \sum_{j=1}^{n} b_j$，从第 i 个产地到第 j 个需求点的单位运输成本为 c_{ij}。求一个运输方案，使运输总成本为最小。

图 3-2

【**建模**】 确定一个运输方案的关键是确定从各个产地到各个需求点的运输量。为此，设 x_{ij} 表示从产地 i 到需求点 j 的运输量，则合适的运输方案应该满足对产量的要求：

$$\sum_{j=1}^{n} x_{ij} = a_i, \quad i=1, 2, \cdots, m.$$

对需求量的要求：

$$\sum_{i=1}^{m} x_{ij} = b_j, \quad j=1, 2, \cdots, n.$$

而目标函数为

$$z = \sum c_{ij} x_{ij},$$

由此得到问题的数学关系为

$$\min z = \sum c_{ij} x_{ij},$$

$$\text{s. t.} \begin{cases} \sum_{j=1}^{n} x_{ij} = a_i, & i=1, 2, \cdots, m, \\ \sum_{i=1}^{m} x_{ij} = b_j, & j=1, 2, \cdots, n, \\ x_{ij} \geqslant 0, & i=1, 2, \cdots, m, j=1, 2, \cdots, n. \end{cases}$$

生活中很多时候，我们只需要知道结果是"是"还是"否"，即"to be or not to be"。这类问题化为数学问题，变量只能取两个值，不妨设为 1 和 0。这样的线性规划称为 0 - 1 规划。

【问题 3 - 4】　课程选修方案确定。某学校规定：运筹学专业的学生毕业时至少学习过两门数学课、三门运筹学课和两门计算机课。这些课程的编号、名称、学分和所属类别见表 3 - 2, 则毕业时学生最少可以学习这些课程中的哪些课程? 又如果某个学生既希望选修课程的数量少, 而又能获得较多的学分, 那么他该如何确定他的选修课程计划?

表 3 - 2　运筹专业培养计划

编　号	课程名称	学　分	类　　别	先修课程
1	微积分	5	数学	
2	线性代数	3	数学	
3	最优化方法	3	数学、运筹学	1, 2
4	数据结构	3	数学、计算机	7
5	应用统计	4	数学、运筹学	1, 2
6	计算机模拟	3	计算机、运筹学	7
7	计算机编程	3	计算机	
8	预测理论	2	运筹学	5
9	数学实验	3	运筹学、计算机	1, 2

【建模】　以 $x_i = 1$ 表示该学生在选课时选修课程编号为 i 的课程, 而 $x_i = 0$ 表示未选课程号为 i ($i = 1, 2, \cdots, 9$) 的课程。若希望选修课程数为最少, 则相应的目标函数为 $z = \sum_{i=1}^{9} x_i$, 对课程数的限制所对应的约束条件为

$$\begin{cases} x_1 + x_2 + x_3 + x_4 + x_5 \geqslant 2, \\ x_3 + x_5 + x_6 + x_8 + x_9 \geqslant 3, \\ x_4 + x_6 + x_7 + x_9 \geqslant 2. \end{cases}$$

对先修课程的限制, 例如要选最优化方法, 则必须先修微积分与线性代数, 即 $x_3 \leqslant x_1$ 与 $x_3 \leqslant x_2$, 它也等价于 $2x_3 - x_1 - x_2 \leqslant 0$。其他情况完全类似, 从而有约束条件组

$$\begin{cases} 2x_3 - x_1 - x_2 \leqslant 0, \\ x_4 - x_7 \leqslant 0, \\ 2x_5 - x_1 - x_2 \leqslant 0, \\ 2x_9 - x_1 - x_2 \leqslant 0, \\ x_6 - x_7 \leqslant 0, \\ x_8 - x_5 \leqslant 0. \end{cases}$$

由此得到所对应的线性规划

$$\min z = \sum_{i=1}^{9} x_i,$$

$$\text{s. t.} \begin{cases} x_1 + x_2 + x_3 + x_4 + x_5 \geqslant 2, \\ x_3 + x_5 + x_6 + x_8 + x_9 \geqslant 3, \\ x_4 + x_6 + x_7 + x_9 \geqslant 2, \\ 2x_3 - x_1 - x_2 \leqslant 0, \\ x_4 - x_7 \leqslant 0, \\ 2x_5 - x_1 - x_2 \leqslant 0, \\ 2x_9 - x_1 - x_2 \leqslant 0, \\ x_6 - x_7 \leqslant 0, \\ x_8 - x_5 \leqslant 0, \end{cases}$$

$$x_i = 0 \lor 1, \quad i = 1, 2, \cdots, 9.$$

这里 $0 \lor 1$ 表示 0 或 1。

【思考】 若该学生希望能得到较高的学分而课程数尽可能少,又该如何处理?

在这里我们看到,由于决策变量 x_i 表示是否选修第 i 门课程,其取值只有 0 和 1 两种情况,这就是 0 - 1 规划。0 - 1 规划是整数规划中的一个特殊模型。在实际问题中,0 - 1 规划出现的情况很多。我们还有下面两个经典问题:背包问题和指派问题。

【问题 3 - 5】 背包问题。某人爬山,可携带的物品有 $A_i (i = 1, 2, \cdots, m)$,其质量为 a_i,价值为 c_i。又携带的物品的总质量不得超过 b,则该登山人该如何确定其携带方案,使背携价值为最高? 这样的问题称为背包问题。

【建模】　以 $x_i = 1$ 表示该登山人携带第 i 种物品，$x_i = 0$ 为不携带，则容易得到问题的模型为

$$\max z = \sum_{i=1}^{m} c_i x_i,$$

$$\sum_{i=1}^{m} a_i x_i \leqslant b,$$

$$x_i = 0 \lor 1 (i = 1, 2, \cdots, m).$$

该问题也是 0-1 规划。0-1 规划的常用解法有隐枚举法、动态规划方法等。

【问题 3-6】　指派问题。设有 m 项工作，交给 n 个人去完成（$m \leqslant n$），各人完成每项工作的代价（成本）为已知，设第 i 人完成第 j 项工作的代价为 c_{ij}。规定每人只能完成其中的一项工作，求相应的指派方案，使完成这些工作的总代价为最小。

指派问题是 0-1 规划中的一个重要形式。一个比较典型的指派模型为混合接力队员的选拔，见问题 3-7。

【建模】　引入变量 $x_{ij} = \begin{cases} 1, & \text{第 } j \text{ 项工作由第 } i \text{ 人完成；} \\ 0, & \text{第 } j \text{ 项工作不由第 } i \text{ 人完成。} \end{cases}$ 注意到每人只能完成其中的一项，并且每项工作最多只有一人完成，由此相应的约束条件为 $\sum_{j=1}^{n} x_{ij} = 1 (i = 1, 2, \cdots, m)$ 及 $\sum_{i=1}^{m} x_{ij} \leqslant 1 (j = 1, 2, \cdots, n)$，而完成这些工作的总代价为 $z = \sum_{i=1}^{m} \sum_{j=1}^{n} c_{ij} x_{ij}$。由此得到指派问题的数学模型：

$$\min z = \sum_{i=1}^{m} \sum_{j=1}^{n} c_{ij} x_{ij},$$

$$\text{s. t.} \begin{cases} \sum_{j=1}^{n} x_{ij} = 1 (i = 1, 2, \cdots, m), \\ \sum_{i=1}^{m} x_{ij} \leqslant 1 (j = 1, 2, \cdots, n), \end{cases}$$

$$x_{ij} = 0 \lor 1 (i = 1, 2, \cdots, m, j = 1, 2, \cdots, n).$$

指派问题也属于 0-1 规划的范畴。一般 0-1 规划的求解相当繁琐，匈牙利数学家考尼格（Denes Knig，1884—1944）提出了解决该问题的一种简便算

法，因而该方法称为匈牙利法。我们将在下节介绍。引入矩阵

$$C = (c_{ij})_{m \times n},$$

该矩阵称为指派问题中的代价(成本)矩阵。又引入矩阵

$$X = (x_{ij})_{m \times n},$$

由指派条件，该矩阵中每行的元素只能有一个是 1 及每列的元素至多有一个 1，其余元素均为 0。这样的矩阵称为指派矩阵，对应的是某个指派方案。

【问题 3 - 7】 游泳混合泳接力队的选拔。某班准备从五名游泳队员中选拔四人组成一个接力队，参加学校的混合泳接力赛。五名队员的四种泳姿成绩见表 3 - 3(单位为 s)，问应该如何选拔？

表 3 - 3 泳队成绩(s)

	甲	乙	丙	丁	戊
蝶 泳	66.8	57.2	78	70	67.4
仰 泳	75.6	66	67.8	74.2	71
蛙 泳	87	66.4	84.6	69.6	83.8
自由泳	58.6	53	59.4	57.2	62.4

【建模】 以 $i = 1, 2, 3, 4, 5$ 表示五名队员，$j = 1, 2, 3, 4$ 表示四种泳姿，以 x_{ij} 表示第 i 名队员第 j 种泳姿的成绩。引入 0 - 1 变量，若选择队员 i 去参加泳姿 j 的比赛，则 $x_{ij} = 1$，否则 $x_{ij} = 0$。且应该满足如下的约束条件：

(1) 每人最多只能入选四种泳姿之一，即

$$\sum_{j=1}^{4} x_{ij} \leqslant 1, \quad i = 1, 2, 3, 4, 5.$$

(2) 每种泳姿必须有一人也只能有一人入选，即

$$\sum_{i=1}^{5} x_{ij} = 1, \quad j = 1, 2, 3, 4.$$

当队员 i 选泳姿 j 时，相应的 $c_{ij}x_{ij} = c_{ij}$ 表示他的成绩，否则该值为 0。因此 $\sum\limits_{j=1}^{4}\sum\limits_{i=1}^{5} c_{ij}x_{ij}$ 即为所求的目标函数。从而该问题的规划模型为

$$\min z = \sum_{j=1}^{4} \sum_{i=1}^{5} c_{ij} x_{ij},$$

$$\text{s. t.} \begin{cases} \sum\limits_{j=1}^{4} x_{ij} \leqslant 1, & i = 1, 2, 3, 4, 5, \\ \sum\limits_{i=1}^{5} x_{ij} = 1, & j = 1, 2, 3, 4, \end{cases}$$

$$x_{ij} = 0 \vee 1, i = 1, 2, 3, 4, 5, j = 1, 2, 3, 4.$$

【问题 3-8】　运输问题。将 n 个仓库的物资如何以最小成本发送到 m 个需求单位的问题。有一连锁超市系统,系统中有 4 个仓储站和 10 个门市部。仓储站的库存量为 196,187,179,176;10 个门市部当前的需求量分别为 75,69,72,83,66,65,74,62,81,56。从仓储站到门市部的运输成本见表 3-4。

表 3-4　仓储运输数据

门市部 仓储站	1	2	3	4	5	6	7	8	9	10
1	7	8	7	6	9	8	7	6	5	8
2	5	4	9	6	7	4	3	5	7	8
3	6	6	4	5	7	5	8	9	8	7
4	5	6	7	8	6	5	5	7	4	4

求相应的运输方案,使总运输成本为最小。

【建模】　以 a_i 表示第 i 个仓储站的库存量 $(i = 1, 2, 3, 4)$,b_j 为第 j 个门市部的需求量 $\left(\text{注意} \sum\limits_{i=1}^{4} a_i = 738, \sum\limits_{j=1}^{10} b_j = 703\right)$,$c_{ij}$ 表示从第 i 个仓储站到第 j 个门市部的运输量。则相应的模型为

$$\min z = \sum c_{ij} x_{ij},$$

$$\text{s. t.} \begin{cases} \sum\limits_{j=1}^{4} x_{ij} \leqslant a_i, \\ \sum\limits_{i=1}^{10} x_{ij} = b_j. \end{cases}$$

$x_{ij} \geqslant 0$, $i = 1, 2, \cdots, 4$, $j = 1, 2, \cdots, 10$。若物资不可分割,则 x_{ij} 为整数变量。

3.2 线性规划的一般定义

将上面的问题抽去其具体意义,即得到线性规划的一般定义。

【定义】 如下的一组数学关系式即称为一个线性规划或线性规划模型:

$$\max(\min)z = c_1 x_1 + c_2 x_2 + \cdots + c_n x_n, \tag{3-1}$$

$$\text{s. t.} \begin{cases} a_{11}x_1 + a_{12}x_2 + \cdots + a_{1n}x_n \leqslant (=, \geqslant)b_1, \\ a_{21}x_1 + a_{22}x_2 + \cdots + a_{2n}x_n \leqslant (=, \geqslant)b_2, \\ \qquad\qquad\qquad \vdots \\ a_{m1}x_1 + a_{m2}x_2 + \cdots + a_{mn}x_n \leqslant (=, \geqslant)b_m, \end{cases} \tag{3-2}$$

$$x_i \geqslant 0, \quad i = 1, 2, 3, \cdots, n. \tag{3-3}$$

上面的表达式中,式(3-1)称为目标函数,x_i 称为决策变量,c_i 称为价值系数;式(3-2)称为约束条件,其中的 b_i 称为右端系数,常常写为 RHS(Right Hand Side);式(3-3)称为非负限制。

线性规划问题有很多解法,传统解法是单纯形法,但单纯形法针对的是线性规划的标准型,为此引入标准型(典式)的概念。

【定义】 具有如下形式的线性规划为线性规划的标准型:

$$\max z = c_1 x_1 + c_2 x_2 + \cdots + c_n x_n, \tag{3-4}$$

$$\text{s. t.} \begin{cases} a_{11}x_1 + a_{12}x_2 + \cdots + a_{1n}x_n = b_1, \\ a_{21}x_1 + a_{22}x_2 + \cdots + a_{2n}x_n = b_2, \\ \qquad\qquad\qquad \vdots \\ a_{m1}x_1 + a_{m2}x_2 + \cdots + a_{mn}x_n = b_m, \end{cases} \tag{3-5}$$

$$x_j \geqslant 0, \quad j = 1, 2, \cdots, n, \quad b_i \geqslant 0, \quad i = 1, 2, \cdots, m. \tag{3-6}$$

对于非标准形式的线性规划都可以经过适当的转换而化为相应的标准型。

3.3 线性规划的理论解法*

有了线性规划的基本概念之后,接下来的问题是如何求出线性规划的解。首先我们引入解的概念。

1. 解的概念

设线性规划表示为式(3-1)～式(3-3),x^*为一个 n 维的实向量。若 x^* 满足式(3-2),则称 x^* 为规划的一个解;若解 x^* 满足式(3-3),则称 x^* 为规划的一个可行解;可行解的全体称为线性规划的可行域;使规划达到极值的可行解称为规划的最优解,相应的目标函数值称为规划的最优值。

2. 图解法

图解法虽然使用限制较大,但有利于我们理解线性规划问题。

线性规划的图解法适用具有两个决策变量的线性规划问题,即在式(3-1)～式(3-3)中,$n = 2$。解的步骤如下:

第一步:建立合适的坐标系。

第二步:对约束条件 $a_{i1}x_1 + a_{i2}x_2 \leqslant (\geqslant) b_i$,建立第 i $(i = 1, \cdots, m)$ 条直线 $L_i: a_{i1}x_1 + a_{i2}x_2 = b_i$,从而确定相应的可行域(该区域为一个多边形区域)。

第三步:对等值线 $z = c_1 x_1 + c_2 x_2$,并取适当的 z_0 值,作出平面上的直线 $z_0 = c_1 x_1 + c_2 x_2$,由规划的类型确定等值线移动方向,则最优解为等值线在移动过程中与可行域的最后交点。

【问题 3-9】 求解规划

$$\max z = -x_1 + 2x_2,$$

$$\text{s. t.} \begin{cases} x_1 + x_2 \geqslant 2, \\ -x_1 + x_2 \geqslant 1, \\ x_2 \leqslant 3, \end{cases}$$

$$x_1, x_2 \geqslant 0.$$

如图 3-3 所示,建立坐标系和相应的直线,由此可得到问题的最优解:$x = (0, 3)^T$,$z = 6$。

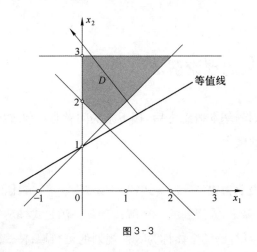

图 3-3

3. 单纯形法

关于线性规划的单纯形法,读者可以参阅相应的书籍,这里仅仅介绍其具体解法,并通过具体例子加以说明。与图解法同样,单纯形法有助于我们理解线性规划问题的过程。设线性规划

$$\min z = c^T x, \tag{3-7}$$

$$\text{s. t. } Ax = b, \ b \geqslant 0, \tag{3-8}$$

$$x \geqslant 0. \tag{3-9}$$

并且进一步假定约束系数矩阵 $A = (a_{ij})_{m \times n}$ 中有 m 阶单位子矩阵。

在线性规划中,约束系数矩阵 A 中的 m 个单位列向量所对应的决策变量称为基变量,其余的决策变量称为非基变量。

用单纯形法求解线性规划步骤:

第一步:建立线性规划的单纯形表,并用行的初等变换将基变量的系数 c 均化为 0,由此得到新价值系数行 c',则检验数行 σ 为 c' 的相反数行,即 $\sigma = -c'$。

第二步:判定当前解是否为最优解,当前解是最优解的充要条件是检验数 $\sigma \geqslant 0$(当前解的意义是基变量取等式右边对应的常数,而非基变量取值为 0)。

第三步:若当前解不是最优解则进行换基。

(1) 确定进基变量 x_s,其中 s 由关系式 $\sigma_s = \min\limits_{i}\{\sigma_i | \sigma_i < 0\}$ 确定。

(2) 确定出基变量 x_k,k 为第 r 行所对应的基变量,而 r 由关系式

$$\theta = \frac{b_r}{a_{rs}} = \min\limits_{i}\left\{\frac{b_i}{a_{is}} \,\middle|\, a_{is} > 0\right\}$$

确定,此方法称为最小比值。

(3) 记 a_{rs} 为主元进行迭代,目标将主元化为 1,该列的其余元化为 0,包括检验数 σ。

第四步:再一次判断当前解是否为最优解。

线性规划的单纯形表:考虑线性规划式(3-4)~式(3-6),并且假设在约束条件系数矩阵中前 m 个列向量为单位向量,则对应的单纯形表为

x	x_1	x_2	$\cdots$	x_m	x_{m+1}	$\cdots$	x_n	
c	c_1	c_2	$\cdots$	c_m	c_{m+1}	$\cdots$	c_n	
x_1	1	0	$\cdots$	0	$a_{1\,m+1}$	$\cdots$	a_{1n}	b_1
x_2	0	1	$\cdots$	0	$a_{2\,m+1}$	$\cdots$	a_{2n}	b_2
$\vdots$	$\vdots$	$\vdots$	$\vdots$	$\vdots$	$\vdots$	$\vdots$	$\vdots$	$\vdots$
x_m	0	0	$\cdots$	1	$a_{m,\,m+1}$	$\cdots$	$a_{m,\,n}$	b_n
σ	0	0	$\cdots$	0	σ_{m+1}	$\cdots$	σ_n	$z=\sum\limits_{i=1}^{m}c_i b_i$

单纯形表中的 σ 行是检验数行,σ 中的数是将 $c_1,\cdots,c_m$ 消为 0 后,取负值所得到的。

【问题 3-10】 求解线性规划

$$\max z = 3x_1 + 4x_2 + x_3 + x_4,$$

$$\text{s. t.}\begin{cases} -2x_1 + 2x_2 + x_3 = 2, \\ x_1 + x_2 + x_4 = 5, \\ x_1 + x_5 = 4, \end{cases}$$

$$x_i \geqslant 0.$$

由前面的讨论,建立单纯形表为

x	x_1	x_2	x_3	x_4	x_5	
c	3	4	1	1	0	
c'	4	1	0	0	0	-7
x_3	-2	2	1	0	0	2
x_4	1	1	0	1	0	5
x_5	1	0	0	0	1	4
σ	-4	-1	0	0	0	7

因 x_3，x_4，x_5 对应的矩阵为单位阵，故取 x_3，x_4，x_5 为基变量。

在单纯形表中务必保证基变量对应的价值系数为 0，若不是则用行变换将其化为 0。在上述单纯形表中，为将 $c_3 = c_4 = 1$ 化为 0，分别将 x_3，x_4 行乘以 -1 加到 c 行，得到 c' 行，而 $\sigma = -c'$。

当前解 $x = (0, 0, 2, 5, 4)^T$，当前解值 $z = 7$。

因在检验数 σ 行中，$\sigma_1 = -4$，$\sigma_2 = -1$，说明当前解不是最优解，故要进行换基。进基变量为 x_1，即 $s = 1$，出基变量由最小比值法

$$\frac{b_3}{a_{31}} = \frac{4}{1} = \min\left\{\frac{5}{1}, \frac{4}{1}\right\}$$

确定，即 a_{31} 为主元，进行下一步的迭代，即有下述单纯形表：

x	x_1	x_2	x_3	x_4	x_5	
c	3	4	1	1	0	
c'	4	1	0	0	0	-7
x_3	-2	2	1	0	0	2
x_4	1	1	0	1	0	5
x_5	[1]	0	0	0	1	4
σ	-4	-1	0	0	0	7
x_3	0	2	1	0	2	10
x_4	0	1	0	1	-1	1
x_1	1	0	0	0	1	4
σ	0	-1	0	0	4	23

因检验数中仍然有负值，还需换基。此时 $s = 2$，$k = 4$，以 $a'_{23} = 1$ 为主元进行下一次迭代，即有下述单纯形表：

x_3	0	0	1	-2	4	8
x_2	0	1	0	1	-1	1
x_1	1	0	0	0	1	4
σ	0	0	0	1	3	24

此时，因 $\sigma_i \geqslant 0$，故最优解为 $(4, 1, 8, 0, 0)^T$，最优解值 $z = 24$。

4. 整数规划的分枝定界法

在线性规划式(3-7)~式(3-9)中,除了要求决策变量非负外,有时还要求取值为整数,这样的规划称为整数规划。若规划中部分变量的取值为整数,相应的规划称为混合整数规划。

例如在问题 3-2 中,决策变量 x_i 表示第 i 种方案下所使用的原料数,因此变量的取值应该为整数,因此该规划为一个整数规划。

所以整数规划可表示成

$$\max z = c_1 x_1 + c_2 x_2 + \cdots + c_n x_n, \tag{3-10}$$

$$\text{s. t.} \begin{cases} a_{11} x_1 + a_{12} x_2 + \cdots + a_{1n} x_n = b_1, \\ a_{21} x_1 + a_{22} x_2 + \cdots + a_{2n} x_n = b_2, \\ \qquad\qquad\qquad \vdots \\ a_{m1} x_1 + a_{m2} x_2 + \cdots + a_{mn} x_n = b_m, \end{cases} \tag{3-11}$$

$$x_i \geqslant 0, \ i = 1, 2, 3, \cdots, n, \ x_i \text{ 为整数。} \tag{3-12}$$

在整数规划中,舍弃决策变量的整数限制,所得到的规划称为原规划所对应的松弛问题。求解整数规划并不能通过求对应的松弛问题的最优解再取其整数部分而求得。求解整数规划的方法主要有分枝定界法和割平面法。这里我们仅介绍前者,有兴趣的读者可以参阅相应的书籍。整数规划的分枝定界法有如下步骤:

第一步:求出对应松弛问题的最优解,若该解为整数解,则该解也是原规划的最优解,若该解不是整数解,则进行分枝。

第二步:设 $x_i = b_i'$ 不是整数解,则最优整数解中的 x_i^* 必然满足式子 $x_i^* \leqslant [b_i']$ 或 $x_i^* \geqslant [b_i'] + 1$,因此将原问题分解成两个子规划:

$$\max z = c_1 x_1 + c_2 x_2 + \cdots + c_n x_n,$$

$$\text{s. t.} \begin{cases} a_{11} x_1 + a_{12} x_2 + \cdots + a_{1n} x_n = b_1, \\ a_{21} x_1 + a_{22} x_2 + \cdots + a_{2n} x_n = b_2, \\ \qquad\qquad\qquad \vdots \\ a_{m1} x_1 + a_{m2} x_2 + \cdots + a_{mn} x_n = b_m, \\ x_i \leqslant [b_i], \end{cases}$$

$$x_i \geqslant 0, \ i = 1, 2, 3, \cdots, n, \ x_i \text{ 为整数。}$$

以及

$$\max z = c_1 x_1 + c_2 x_2 + \cdots + c_n x_n,$$

$$\text{s. t.} \begin{cases} a_{11} x_1 + a_{12} x_2 + \cdots + a_{1n} x_n = b_1, \\ a_{21} x_1 + a_{22} x_2 + \cdots + a_{2n} x_n = b_2, \\ \qquad\qquad \vdots \\ a_{m1} x_1 + a_{m2} x_2 + \cdots + a_{mn} x_n = b_m, \\ x_i \geqslant [b_i] + 1, \end{cases}$$

$$x_i \geqslant 0, \ i = 1, 2, 3, \cdots, n, \ x_i \text{ 为整数}.$$

分别求出两个规划所对应的松弛问题的最优解。

第三步：若有一个分枝的解为整数解，而另一个分枝的最优解的函数值小于该整数解的函数值，则将该枝剪去（定界），并由此得到原问题的最优解。

第四步：若两个分枝对应的松弛问题的最优解都不是整数解，则分别进行分枝，继续求解。

【问题 3-11】 求解整数规划

$$\max z = 3x_1 + 5x_2,$$

$$\text{s. t.} \begin{cases} 4x_1 + 10x_2 \leqslant 50, \\ 2x_1 - 5x_2 \leqslant 1, \end{cases}$$

$$x_1, x_2 \geqslant 0, \ \text{且} \ x_1, x_2 \text{ 为整数}.$$

由单纯形法得到松弛问题的最优解 $x = \left(\dfrac{13}{2}, \dfrac{12}{5} \right)^T$，$z = \dfrac{63}{2}$。此解不是整数解，取 $x_2 = \dfrac{12}{5}$ 进行分枝，形成两个规划：规划 A

$$\max z = 3x_1 + 5x_2,$$

$$\text{s. t.} \begin{cases} 4x_1 + 10x_2 \leqslant 50, \\ 2x_1 - 5x_2 \leqslant 1, \\ x_2 \leqslant 2, \end{cases}$$

$$x_1, x_2 \geqslant 0, \ \text{且} \ x_1, x_2 \text{ 为整数},$$

以及规划 B

$$\max z = 3x_1 + 5x_2,$$

$$\text{s. t.} \begin{cases} 4x_1 + 10x_2 \leqslant 50, \\ 2x_1 - 5x_2 \leqslant 1, \\ x_2 \geqslant 3, \end{cases}$$

$x_1, x_2 \geqslant 0$，且 x_1, x_2 为整数。

这两规划所对应的松弛问题的最优解分别为 $x^* = \left(\dfrac{11}{2}, 2 \right)^T$，$z_1 = \dfrac{53}{2}$，

$x^{**} = (5, 3)^T$，$z_2 = 30$。由于规划 A 所对应的松弛问题的最优解值低于规划 B 所对应的松弛问题的最优解值，且规划 B 所对应的松弛问题的解为整数解，故规划 A 舍去（定界、剪枝），从而得到原规划的最优解 $x^{**} = (5, 3)^T$，$z_2 = 30$。

5. 0-1 规划的匈牙利法

我们以问题 3-6 的指派问题为例。

【问题 3-12】 设指派问题中的代价矩阵为

$$C = \begin{pmatrix} 15 & 18 & 12 & 11 \\ 13 & 16 & 10 & 9 \\ 13 & 17 & 10 & 8 \\ 11 & 18 & 8 & 9 \end{pmatrix},$$

则下面的两个矩阵均可视为某个指派方案下的指派矩阵：

$$X_1 = \begin{pmatrix} 1 & 0 & 0 & 0 \\ 0 & 1 & 0 & 0 \\ 0 & 0 & 1 & 0 \\ 0 & 0 & 0 & 1 \end{pmatrix}, \ X_2 = \begin{pmatrix} 0 & 1 & 0 & 0 \\ 1 & 0 & 0 & 0 \\ 0 & 0 & 0 & 1 \\ 0 & 0 & 1 & 0 \end{pmatrix}.$$

相应的代价分别为 $z_1 = 50$，$z_2 = 47$。

现在，我们简单介绍匈牙利法。

首先我们讨论指派问题中的特殊形式，即 $m = n$ 的情况。

第一步：行缩减——每行减去该行的最小数。

第二步：列缩减——每列减去该列的最小数（行列缩减的目的是每行及

每列至少产生一个 0)。

第三步：判定是否有 n 个独立的 0，即 n 个分布在不同行不同列的 0，若有，则在指派矩阵中对应独立的 0 的 x_{ij} 取 1，其余的 x_{ij} 取 0，由此得到最小代价的指派方案。若没有 n 个独立的 0，则进行下面的迭代过程。

（1）在未被线划去的数中找最小数。

（2）未被线划去的所有数都减去该数，除了两线的交叉点以外，被线划去的数保持不变，而交叉点的数再加上该数。

第四步：继续判定。

判定 n 个独立的 0 的方法是用尽可能少的横线和竖线将所有的 0 划去，若线数恰为 n，则一定有 n 个独立的 0。

【问题 3-13】 用匈牙利法求解指派问题，其中的代价矩阵为

$$C = \begin{pmatrix} 14 & 17 & 18 & 20 \\ 12 & 15 & 19 & 20 \\ 16 & 17 & 20 & 18 \\ 19 & 21 & 20 & 23 \end{pmatrix}.$$

首先进行行列缩减，由此得到

14	17	18	20		0	3	4	6		0	2	3	4
12	15	19	20	$\rightarrow$	0	3	7	8	$\rightarrow$	0	2	6	6
16	17	20	18		0	1	4	2		0	0	3	0
19	21	20	23		0	2	1	4		0	1	0	2

对第二个计算结果，容易判定矩阵中没有 4 个独立的 0。事实上，用下面的三条线可以将所有的 0 划去(可以先找到仅有一个 0 的行或列，划去该 0 所在的列或行，反复施行该方法)：

0	2	3	4
0	2	6	6
0	0	3	0
0	1	0	2

此时相应的最小数为 2，继续迭代(交叉点加 2，未划线者减 2)有

0	0	1	2
0	0	4	4
2	0	3	0
2	1	0	2

此时矩阵中有 4 个独立的 0,因而对应的指派矩阵可取

$$X = \begin{pmatrix} 1 & 0 & 0 & 0 \\ 0 & 1 & 0 & 0 \\ 0 & 0 & 0 & 1 \\ 0 & 0 & 1 & 0 \end{pmatrix},$$

即对应的指派方案为 $x_{12} = x_{21} = x_{34} = x_{43} = 1$,其余的 $x_{ij} = 0$。 此时的最小代价为 $z = 67$。

对 $m \neq n$ 的指派问题,可以通过增加 0 行或 0 列来进行转化。

【思考】 若 $n = m + 1$ 且所有工作都必须完成,同时至多只有一个人完成其中的两项工作,该如何确定相应的指派方案?

3.4　线性规划的软件包解法

在前面的讨论中我们看到,用手工算法求解一个线性规划问题,即使算法再好,对一个大型的线性规划问题,也是相当困难的。有了计算机,这种大容量的运行成为可能。可以运行线性规划的软件有许多,如 Lindo,Lingo,Excel,Matlab,Mathematica 等。这里我们只介绍借助 Lingo 和 Matlab 软件来求解线性规划的方法。

1. 应用 Lingo 软件求解线性规划问题

Lingo 软件是由美国 Lindo 公司研制开发的,用于求解线性规划和非线性规划的应用软件。在 Lingo 官方网站上可以得到相应的下载软件,其特点是书写简便,使用灵活。

【问题 3 - 14】 求解规划

$$\max z = 20x_1 + 30x_2 + 47x_3,$$

$$\text{s. t.} \begin{cases} x_1 + x_3 \leqslant 60, \\ x_2 \leqslant 50, \\ x_1 + 2x_2 + 3x_3 \leqslant 120, \end{cases}$$

$$x_1, x_2, x_3 \geqslant 0.$$

启动 Lingo,在主窗口中输入如图 3 - 4 所示的内容。

```
Σ LINGO Model - Ch3_6
model:
  max=20 * x1 + 30 * x2 + 47 * x3;
    x1 +x3 <= 60;
    x2 <= 50;
    x1 + 2 * x2 +3 * x3 <= 120;
end
```

图 3-4

在 Lingo 中,变量的默认值为非负的。

在 Lingo 菜单栏中选 Solve 命令,得到问题最优解: $x = (60, 30, 0)^T$, $z = 2\,100$。

在相应的报告中看到如图 3-5 所示的输出结果。

```
Σ Solution Report - Ch3_6
  Global optimal solution found at iteration:           3
  Objective value:                              2100.000

              Variable           Value        Reduced Cost
                  X1           60.00000          0.000000
                  X2           30.00000          0.000000
                  X3           0.000000          3.000000

                  Row     Slack or Surplus      Dual Price
                  1           2100.000          1.000000
                  2           0.000000          5.000000
                  3           20.00000          0.000000
                  4           0.000000          15.00000
```

图 3-5

从运行得到的结果报告,我们得到如下信息:

(1) 运行三步找到最优解。

(2) 最优目标值=2 100。

(3) 相应的最优值的变量显示在"Value"一行,对应"Variable"为

$$x_1 = 60,\ x_2 = 30,\ x_3 = 0。$$

(4) "Reduced Cost"对应目标函数,表示其增加值的变化范围,也是该变量在最优表中的检验数;本问题变量 x_3 的取值为 0,是因为其在目标函数里系数不够大。当把 x_3 的系数值在加大超过 3,如取为 47+4=51 时,相应的解为 $x = (30, 0, 30)^T$, $z = 2\,130$。

(5) "Row"是对应输入模型的行号,1 是目标,其他为约束条件。

（6）"Slack or Surplus"指松弛和剩余,即约束条件两端的正差。对"≥"为"Slack(松弛)";对"≤"为"Surplus(剩余)"。结果＝0 表示紧约束。本问题中第 2 行和第 4 行的约束条件为紧约束,第 3 行约束条件有剩余。

（7）"Dual Price"是对偶价格,也叫影子价格,一般对紧约束而言。表示当所列变量变动一个单位时,相应的目标函数变动的单位数。

【问题 3 - 15】　求问题 3 - 2 的最优解。

重写该问题对应的数学模型:

$$\min z = 0.1x_1 + 0.3x_2 + 0.9x_3 + 1.1x_5 + 0.2x_6 + 0.8x_7 + 1.4x_8,$$

$$\text{s. t. } \begin{cases} 2x_1 + x_2 + x_3 + x_4 = 200, \\ 2x_2 + x_3 + 3x_5 + 2x_6 + x_7 = 200, \\ x_1 + x_3 + 3x_4 + 2x_6 + 3x_7 + 4x_8 = 200, \end{cases}$$

$$x_i \geqslant 0 (i = 1, 2, \cdots, 8).$$

注意到该问题中的变量的取值为非负整数,故在程序中增加整数设置,相应的命令为@gin。在程序窗口输入命令如图 3 - 6 所示。

```
∑ LINGO Model - Ch3_7
model:
  min=0.1*x1+0.3*x2+0.9*x3+1.1*x5
      +0.2*x6+0.8*x7+1.4*x8;
  2*x1+x2+x3+x4=200;
  2*x2+x3+3*x3+x6+x7=200;
  x1+x3+3*x4+2*x6+3*x7+4*x8=200;
  @gin(x1);@gin(x2);@gin(x3);@gin(x4);
  @gin(x5);@gin(x6);@gin(x7);@gin(x8);
end
```

图 3-6

最优解为 $x_1 = 89$, $x_7 = 1$, $x_4 = 22$, $x_6 = 21$, 其余 $x_i = 0$, $z = 13.9$。

```
Global optimal solution found at iteration: 27
objective value:                       13.90000
        Variable         Value       Reduced Cost
              X1      89.00000        0.1000000
              X2       0.000000        0.3000000
              X3       0.000000        0.9000000
              X5       0.000000        1.100000
```

```
        X6          21.00000          0.2000000
        X7          1.000000          0.8000000
        X8          0.000000           1.400000
        X4          22.00000           0.000000

       Row    Slack or Surplus     Dual Price
         1          13.90000          -1.000000
         2          0.000000           0.000000
         3          0.000000           0.000000
         4          0.000000           0.000000
```

在上面的例子中可以发现,当变量较多时,这样的输入比较繁琐,在 Lingo 中可以通过设置变量来简化输入过程。我们以下面的简单例子来加以说明其用法。

【问题 3-16】 求解线性规划

$$\max z = 8x_1 + 10x_2,$$

$$\text{s. t.} \begin{cases} 2x_1 + x_2 \leqslant 11, \\ x_1 + 2x_2 \leqslant 10, \end{cases}$$

$$x_1,\ x_2 \geqslant 0.$$

相应程序如图 3-7 所示。

```
LINGO - [LINGO Model - Ch3_8]
File Edit LINGO Window Help

model:
  sets:
    row/1..2/:b;
    col/1..2/:c,x;
    matrix(row,col):A;
   endsets

  max=@sum(col:c*x);        !定义目标函数;
  @for(row(i):@sum(col(j):A(i,j)*x(j))<=b(i));    !定义约束条件;


  data:
    c=8,10;
    b=11,10;
    A=2,1
      1,2;
  enddata
end
```

图 3-7

求解后得到问题的最优解：$x = (4, 3)^T$，$z = 62$。

Set 的使用：Set 命令是定义 Lingo 中的初始集，基本格式为

```
Sets:
    Setname/number_list[:attributs_list];
endsets
```

例如下面命令定义了一个学生集：

```
Sets:
    Students/1..20/:Sex, Age;
Endsets
```

模型中数据的定义：在 Lingo 中，通过命令 Data 来定义模型中的数据。其基本格式是

```
Data:
    Attribute=value_lists;
Enddata
```

例如定义数据

```
Data:
    Age=17,18,18,17,…;       （20 个数据）
    Sex=0,1,0,1,1,…;        （20 个数据）
Enddata
```

数值计算：在 Lingo 中常用的数值计算函数有求和、最大值、最小值、平均值等。如求和格式 @ sum(set(set_index_list)|condition_qualified:expr)。其中 condition_qualified 是个可选参数。

循环：Lingo 中基本循环命令是 @ for，格式为 @ for(set(set_index_list)|condition_qualified:expr)。

【问题 3-17】　求解 0-1 规划

$$\min z = 2x_1 + 5x_2 + 3x_3 + 4x_4,$$

$$\text{s.t.} \begin{cases} -4x_1 + x_2 + x_3 + x_4 \geqslant 0, \\ -2x_1 + 4x_2 + 2x_3 + 4x_4 \geqslant 4, \\ x_1 + x_2 - x_3 + x_4 \geqslant 1, \end{cases}$$

$$x_i = 0 \vee 1, \quad i = 1, 2, 3, 4.$$

相应的 Lingo 程序如图 3-8 所示。

```
Σ LINGO Model - Ch3_9
model:
  sets:
    row/1..3/:b; col/1..4/:c,x;
    matrix(row,col):A;
  endsets

min=@sum(col:c*x);
@for(col:@bin(x));       !定义0-1变量;
@for(row(i):@sum(col(j):A(i,j)*x(j))>=b(i));

  data:
    c=2,5,3,4;
    b=0,4,1;
    A=-4,1,1,1
      -2,4,2,4
      1,1,-1,1;
  enddata
end
```

图 3-8

问题的最优解为 $x_1 = x_2 = x_3 = 0$，$x_4 = 1$，$z = 4$。

【**问题 3-18**】 问题 3-8 运输问题的解模计算。该规划共有 40 个变量，可以看到手工算法相当困难。在 Lingo 下编制如图 3-9 所示的程序。

```
Σ LINGO Model - CH3_10
model:
  sets:
    row/1..4/:a;col/1..10/:b;
    matrix(row,col):c,x;
  endsets

min=@sum(matrix(i,j):c(i,j)*x(i,j));
@for(row(i):@sum(col(j):x(i,j))<=a(i));
@for(col(j):@sum(row(i):x(i,j))=b(j));

  data:
    a=196,187,179,176;
    b=75,69,72,83,66,65,74,62,81,56;
    c=7,8,7,6,9,8,7,6,5,8
      5,4,9,6,7,4,3,5,7,8
      6,6,4,5,7,5,8,9,8,7
      5,6,7,8,6,5,5,7,4,4;
  enddata
end
```

图 3-9

运行后得到问题的最优解为 $x_{14} = 18$，$x_{18} = 62$，$x_{19} = 81$，$x_{22} = 69$，$x_{26} = 44$，$x_{27} = 74$，$x_{33} = 72$，$x_{34} = 65$，$x_{35} = x_{36} = 21$，$x_{41} = 75$，$x_{45} = 45$，$x_{4, 10} =$

56，最小成本为 $z = 3\,293$。相应的运输方案见表 3-5。

表 3-5　问题 3-8 最优方案

	1	2	3	4	5	6	7	8	9	10
1	0	0	0	18	0	0	0	62	81	0
2	0	69	0	0	0	44	74	0	0	0
3	0	0	72	65	21	21	0	0	0	0
4	75	0	0	0	45	0	0	0	0	56

从表中可以看到，每列的和为各门市部的需求量：75，69，72，83，66，65，74，62，81，56。由于该解已经为整数解，故不必设置变量为整数变量。

【问题 3-19】　求解指派问题，其中代价矩阵为

$$C = \begin{pmatrix} 6 & 5 & 6 & 7 & 4 & 2 & 5 \\ 4 & 9 & 5 & 3 & 8 & 5 & 8 \\ 5 & 2 & 1 & 9 & 7 & 4 & 3 \\ 7 & 6 & 7 & 3 & 9 & 2 & 7 \\ 2 & 3 & 9 & 5 & 7 & 2 & 6 \\ 5 & 5 & 2 & 2 & 8 & 11 & 4 \\ 9 & 2 & 3 & 12 & 4 & 5 & 10 \end{pmatrix}.$$

指派问题的数学模型为

$$\min z = \sum_{i=1}^{7} \sum_{j=1}^{7} c_{ij} x_{ij},$$

$$\begin{cases} \sum_{j=1}^{7} x_{ij} = 1, & i = 1, 2, \cdots, 7, \\ \sum_{i=1}^{7} x_{ij} = 1, & j = 1, 2, \cdots, 7, \end{cases}$$

$$x_{ij} = 0 \vee 1, \quad i = 1, 2, \cdots, 7, \quad j = 1, 2, \cdots, 7.$$

相应程序如图 3-10 所示。求解后得到问题的最优解：$x_{12} = x_{24} = x_{33} = x_{46} = x_{51} = x_{67} = x_{75} = 1$，最小成本为 $z = 18$。

```
Σ LINGO Model - CH3_11
model:
  sets:
    row/1..7/:a;col/1..7/:b;
    matrix(row,col):c,x;
  endsets

  min=@sum(matrix(i,j):c(i,j)*x(i,j));
  @for(row(i):@sum(col(j):x(i,j))=a(i));
  @for(col(j):@sum(row(i):x(i,j))=b(j));

  data:
    a=1,1,1,1,1,1,1;
    b=1,1,1,1,1,1,1;
    c=6 2 6 7 4 2 5
      4 9 5 3 8 5 8
      5 2 1 9 7 4 3
      7 6 7 3 9 2 7
      2 3 9 5 7 2 6
      5 5 2 2 8 11 4
      9 2 3 12 4 5 10;
  enddata
end
```

图 3-10

2. 用 Matlab 求解线性规划

软件 Matlab 提供了求解线性规划的方法。

在 Matlab 下,线性规划的一般形式为

$$\min z = c^T x,$$

$$\text{s. t.} \begin{cases} Ax \leqslant b, \\ A_{eq}x = b_{eq}, \\ lb \leqslant x \leqslant ub. \end{cases}$$

相应的求解命令为 $[x, z, flag] = \text{linprog}(c, A, b, A_{eq}, b_{eq}, lb, ub)$。一般地,$flag = 1$ 为求解正常。

【问题 3-20】 求解线性规划

$$\max z = 2x_1 + 3x_2,$$

$$\text{s. t.} \begin{cases} x_1 + 2x_2 \leqslant 8, \\ 4x_1 \leqslant 16, \\ 4x_2 \leqslant 12. \end{cases}$$

在 Matlab 下编制程序：

```
clear, clc
c=[-2, -3]';
A=[1 2;4 0;0 4];
b=[8, 16, 12]';
[x, z]=linprog(c, A, b, [], [], [], []);
disp([x', z])
```

输出计算结果为

$$4.0000 \quad 2.0000 \quad -14.0000$$

即得到问题的最优解：$x=(4, 2)^T$，$z=14$。

在 Matlab 中，目标函数类型默认为极小类型的。

【问题 3-21】　求解线性规划

$$\max f = 2x_1 + 3x_2 + 5x_3,$$

$$\text{s. t.} \begin{cases} x_1 + x_2 + x_3 = 7, \\ 2x_1 - 5x_2 + x_3 \geqslant 10, \\ x_i \geqslant 0, \ i=1, 2, 3. \end{cases}$$

在 Matlab 中输入下面语句进行求解：

```
clear, clc
c=[-2  -3  -5]'; A=[-2  5  -1]; b=-10;
Aeq=[1 1 1]; beq=7;
lb=[0, 0, 0]';
[x, fval]=linprog(c, A, b, Aeq, beq, lb);
disp([x', fval])
```

输出结果为

$$3.0000 \quad 0.0000 \quad 4.0000 \quad -26.0000$$

即问题的最优解为 $x=(3, 0, 4)^T$，$f=26$。

【问题 3-22】　求解线性规划

$$\min f = -2x_1 - x_2 + x_3,$$

$$\text{s. t.} \begin{cases} x_1 + x_2 + 2x_3 = 6, \\ x_1 + 4x_2 - x_3 \leqslant 4, \\ 2x_1 - 2x_2 + x_3 \leqslant 12, \\ x_1 \geqslant 0, \ x_2 \geqslant 0, \ x_3 \leqslant 5. \end{cases}$$

在 Matlab 中输入下面语句进行求解：

```
clear, clc
c=[-2 -1 1]';A=[1 4 -1;2 -2 1];b=[4 12]';
Aeq=[1 1 2];beq=6;
lb=[0, 0, -inf]';ub=[inf inf 5]';
[x, fval]=linprog(c, A, b, Aeq, beq, lb, ub);
disp([x' fval]),
```

计算结果为

$$4.6667 \quad 0.0000 \quad 0.6667 \quad -8.6667$$

3.5 应用

【问题 3-23】 装箱问题（本题取自 1988 年美国大学生数学建模竞赛 B 题）。

有七种规格的包装箱要装到两节铁路平板车上。包装箱的宽和高是一样的，但厚度（h，单位 cm）及重量（w，单位 kg）互不相同。表 3-6 给出了具体数据。

表 3-6　包装箱数据

种类	C1	C2	C3	C4	C5	C6	C7
h	48.7	52.0	61.3	72.0	48.7	52.0	64.0
w	2 000	3 000	1 000	500	4 000	2 000	1 000
件数	8	7	9	6	6	4	8

每节平板车有 10.2 m 长的地方可用来装包装箱（像面包片那样），载重量为 40 t。由于当地货运的限制，对于货物 C5，C6，C7 类包装箱的总数有一个特别的限制：这类箱子所占的空间（厚度）为不能超过 302.7 cm。试把包装箱装到平板车上去，使得浪费的空间最小。

【假定】 以 x_{ij} 表示第 j 节车上装第 i 种包装箱的数量，$i=1, 2, \cdots, 7$，$j=1, 2$。h_i 为第 i 种包装箱的厚度，l_j 为第 j 节车的长度，$l_j=1 020$，$j=1$，2，z_j 为第 j 节车的载重量，$z_j=40 000$，s 为特殊限制（$s=302.7$），n_i 为第 i 种货物的数量。

【建模】 首先分析约束限制：

件数限制 $\qquad x_{i1}+x_{i2}\leqslant n_i,\quad i=1,2,\cdots,7;$

长度限制 $\qquad \displaystyle\sum_{i=1}^{7}h_i x_{ij}\leqslant l_j,\quad j=1,2;$

重量限制 $\qquad \displaystyle\sum_{i=1}^{7}w_i x_{ij}\leqslant z_j,\quad j=1,2;$

特别限制 $\qquad \displaystyle\sum_{i=5}^{7}h_i(x_{i1}+x_{i2})\leqslant s;$

并且注意到变量 x_{ij} 为整型变量。目标函数为 $z=\displaystyle\sum_{i=1}^{7}h_i(x_{i1}+x_{i2})$。

由此得到问题的数学模型:

$$\max z=\sum_{i=1}^{7}h_i(x_{i1}+x_{i2}),$$

$$\text{s. t.}\begin{cases} x_{i1}+x_{i2}\leqslant n_i,\quad i=1,2,\cdots,7,\\[2mm] \displaystyle\sum_{i=1}^{7}h_i x_{ij}\leqslant l_j,\quad j=1,2,\\[2mm] \displaystyle\sum_{i=1}^{7}w_i x_{ij}\leqslant z_j,\quad j=1,2,\\[2mm] \displaystyle\sum_{i=5}^{7}h_i(x_{i1}+x_{i2})\leqslant s, \end{cases}$$

$$x_{ij}\geqslant 0 \text{ 且 } x_{ij} \text{ 为整数。}$$

用 Lingo 软件可得到问题的最优解:

$$x^{*}=\begin{bmatrix} 5 & 0 & 9 & 1 & 1 & 2 & 0\\ 3 & 7 & 0 & 5 & 2 & 1 & 0 \end{bmatrix},\quad z=2\,039.4.$$

相应的求解程序以及相应的求解结果如图 3-11 和图 3-12 所示。

【问题 3-24】 手术资源的配置(本题为 2004 年同济大学数学建模竞赛试题)。

某大医院向社会提供不同的医疗服务,为获得最好的社会效益和经济效益,医院必须优化其资源配置,如果资源配置不是最好的,则可能存在有的资源使用率低,而有的资源使用过度的情况。以下面提供的外科手术数据为例,试建立一个能够帮助医院改善其资源配置,提高效益的数学模型。

手术类型分为三类,简称为大手术(例如心脏搭桥手术)、中手术(例

```
LINGO Model - yingyong1
model:
  sets:
    type/1..7/:h,w,n;
    car/1..2/:l,z;
    matrix(type,car):x;
  endsets

  max=@sum(type(i):h(i)*(x(i,1)+x(i,2)));
  @for(type(i):x(i,1)+x(i,2)<=n(i));
  @for(car(j):@sum(type(i):h(i)*x(i,j))<=l(j));
  @for(car(j):@sum(type(i):w(i)*x(i,j))<=z(j));
  @sum(type(i)|i#GE#5:h(i)*(x(i,1)+x(i,2)))<=s;
  @for(type(i):@gin(x(i,1)));
  @for(type(i):@gin(x(i,2)));

  data:
    h=48.7, 52.0, 61.3, 72.0, 48.7, 52.0, 64.0;
    w=2000, 3000, 1000, 500,  4000, 2000, 1000;
    n=8,7,9,6,6,4,8;
    l=1020,1020;
    z=40000,40000;
    s=302.7;
  enddata
end
```

图 3-11

```
Solution Report - yingyong1
  Global optimal solution found.
  Objective value:                 2039.400
  Objective bound:                 2039.400
  Infeasibilities:                 0.000000
  Extended solver steps:              45402
  Total solver iterations:           116698
```

图 3-12

如胃切除手术）和小手术（例如阑尾手术），每种手术需的人数和费用见表 3-7。

表 3-7　各类手术数据

手 术	主刀医师	麻醉师	配合医师	器械护士	巡回护士	所需时间（d）	平均费用（万元）
大	3	1	1	2	2	1	3
中	2	1	1	1	2	0.5	1.6
小	1	1	0	1	1	0.2	0.3

当前医院的人员基本情况为：高级医师 21 人，普通医师 44 人，只有高级医师才能充当大、中手术的主刀医师；护士 100 人，其中只有 60 人可以充当器

械护士;麻醉师 30 人。如果各种外科手术的病人足够多,问:

（1）如何安排每天的日常手术使得其经济效益为最高?

（2）若做手术的病人分布不均,如大手术并不常见,而小手术则可能比较多,要求做小手术的病人在手术完成前一直占据着医院的病床。如若床位有限,小手术要求一周内完成,否则病人要求转院,如何制定医院的每天手术安排计划?

（3）充分考虑社会效益和经济效益,如何在每天的计划上作尽可能小的调整,以满足病人的需要?

【建模】　问题的关键是确定每天的各种手术方案,目标是使得相应的收益为最大。

以 x_1 表示每天进行大手术的人数,x_2 是每天进行中手术的医生人数(为使问题简单,每天排满,所以 $x_2 = 2y_2$,y_2 是病人人数),x_3 是每天进行小手术的医生人数,也每天排满。则问题的目标函数为 $\max z = 3x_1 + 3.2x_2 + 1.5x_3$。

开刀过程中对资源的要求:假设小手术中由高级医师主刀的有 x_{31} 个,而有普通医师主刀的有 x_{32} 个,则

高级医师:　　　　$3x_1 + 2x_2 + x_{31} \leqslant 21.$

普通医师:　　　　$x_1 + x_2 + x_{32} \leqslant 44.$

麻醉师:　　　　$x_1 + x_2 + x_{31} + x_{32} \leqslant 30.$

器械护士:　　　$2x_1 + x_2 + x_{31} + x_{32} \leqslant 60.$

护士总需求:　　$4x_1 + 3x_2 + 2(x_{31} + x_{32}) \leqslant 100.$

由此得到问题的数学模型为

$$\max z = 3x_1 + 3.2x_2 + 1.5(x_{31} + x_{32}),$$

$$\text{s. t.} \begin{cases} 3x_1 + 2x_2 + x_{31} \leqslant 21, \\ x_1 + x_2 + x_{32} \leqslant 44, \\ x_1 + x_2 + x_{31} + x_{32} \leqslant 30, \\ 2x_1 + x_2 + x_{31} + x_{32} \leqslant 60, \\ 4x_1 + 3x_2 + 2(x_{31} + x_{32}) \leqslant 100, \end{cases}$$

$x_i \geqslant 0,\ i = 1, 2,\ x_{31}, x_{32} \geqslant 0$ 且为整数。

【解模】　求解这个线性规划问题,例如利用 Lingo 软件,容易得到问题的

最优解：$x_1 = 0$，$x_2 = 10$，$x_{31} = 0$，$x_{32} = 20$，$z = 62$（万元）。

【结论】 在这样的安排下，大手术没有安排（请思考原因是什么），而高级医师进行的都是中手术，中手术一共完成了 20 个，小手术安排了 100 个，均是由普通医师主刀的。此时医师的使用情况是：高级医师 20 人，普通医师 30 人，麻醉师 30 人，器械护士 30 人，巡回护士 40 人。

在上面的方案中，大手术没有安排，这也不合常理。由于大手术不常见，故可以考虑在每个周末安排一个大手术。此时相应的手术安排是 $x_1 = 1$，$x_2 = 9$，$x_{31} = 0$，$x_{32} = 20$。而相应的函数值为 $z = 61.8$（万元）。

【分析】 注意到，开刀医生的资源并没有充分利用，关键原因是缺少足够的麻醉师，适当增加麻醉师的数量，可以增加相应的收益。例如当把麻醉师的数量从 30 人增加到 35 人，则相应问题的解为 $x_1 = 0$，$x_2 = 10$，$x_{31} = 0$，$x_{32} = 25$，而相应的收益值为 $z = 69.5$（万元）。

其他情况，读者可以作进一步讨论。

3.6 非线性规划*

在上面诸节中讨论了线性规划和几类特殊的线性规划——整数规划及 0-1 规划和相应的解法。所谓线性规划实际上是指数学规划中的目标函数及约束条件表达式均为线性关系。但实际问题中所对应的数学规划其表达式很可能不是线性关系式。在微积分课程中我们大量遇到该类问题。首先我们看两个简单例子。

【问题 3-25】 将边长为 a 的正三角形剪去三个全等的四边形（图 3-13），然后将其折起，做成一个无盖的正三棱柱。求当图中的 x 取何值时，该盒子的容积为最大？

【分析】 由条件知盒子的高为 $h = x\tan\dfrac{\pi}{6} = \dfrac{\sqrt{3}}{3}x$，底面积为 $S = \dfrac{\sqrt{3}}{4}(a - 2x)^2$。故相应的体积为 $V(x) = \dfrac{1}{4}x(a - 2x)^2$，$0 < x < \dfrac{a}{2}$。

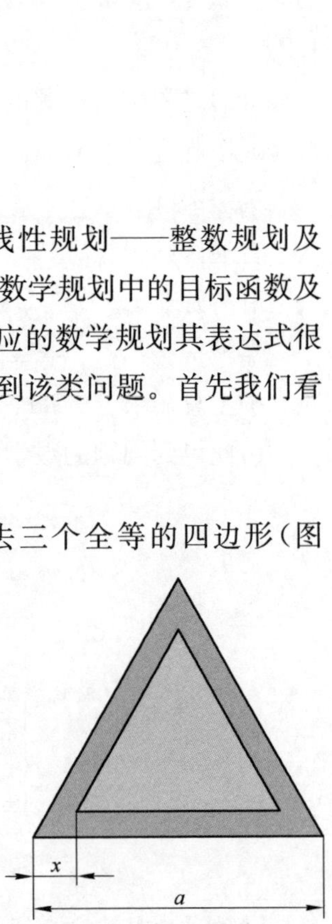

图 3-13

　　该表达式即为原问题的数学模型。当然这个问题可以有微积分的方法求解,但当我们用数学规划的眼光来看时,该模型是个非线性规划,一般称为无约束最优化问题。

　　【问题 3-26】　某工厂要用铁板做成一个体积为 2 m³ 的有盖长方体水箱。问当长、宽、高各取多少时,所使用的原料最省?

　　【建模】　设长方体的三边长分别为 x, y, z(m),则水箱的表面积为 $A = 2(xy + xz + yz)$,$x, y, z > 0$。 此为问题的目标函数,而相应的约束条件为 $xyz = 2$。 由此得到问题的数学模型为

$$\min A = 2(xy + xz + yz),$$
$$\text{s. t. } xyz = 2, \quad x, y, z > 0.$$

这样的问题称为约束最优化问题。

　　一个标准的无约束优化问题可以写成

$$\min z = f(x) = f(x_1, x_2, \cdots, x_n).$$

　　【定义】　若 x^* 为一个 n 维的实向量,$\varepsilon > 0$,若对任一 n 维实向量 $x \neq x^*$,当 $\| x - x^* \| < \varepsilon$,总有 $f(x) > f(x^*)$,则称 x^* 为 $f(x)$ 的严格局部极小点;若对任意 x 总有 $f(x) \geqslant f(x^*)$,则称 x^* 为 $f(x)$ 的全局极小点。

　　例如,对优化问题 $\min z = f(x) = \sum\limits_{i=1}^{6} x_i^2$, $x = (0, 0, 0, 0, 0, 0)$ 为优化问题的严格全局极小点。

　　在高等数学中,我们讨论了求二元函数极值的方法,该方法可以平行地推广到无约束优化问题中。首先引入下面的定理。

　　【定理 1】　设 $f(x)$ 具有连续的一阶连续偏导数,且 x^* 是无约束问题的局部极小点,则 $\nabla f(x^*) = \vec{0}$。 这里 $\nabla f(x)$ 表示函数 $f(x)$ 的梯度。

　　【定义】　设函数 $f(x)$ 具有对各个变量的二阶偏导数,称矩阵

$$\begin{pmatrix} \dfrac{\partial^2 f}{\partial x_1^2} & \dfrac{\partial^2 f}{\partial x_1 \partial x_2} & \cdots & \dfrac{\partial^2 f}{\partial x_1 \partial x_n} \\[3mm] \dfrac{\partial^2 f}{\partial x_2 \partial x_1} & \dfrac{\partial^2 f}{\partial x_2^2} & \cdots & \dfrac{\partial^2 f}{\partial x_2 \partial x_n} \\[3mm] \vdots & \vdots & \ddots & \vdots \\[3mm] \dfrac{\partial^2 f}{\partial x_n \partial x_1} & \dfrac{\partial^2 f}{\partial x_n \partial x_2} & \cdots & \dfrac{\partial^2 f}{\partial x_n^2} \end{pmatrix}$$

为函数的 Hesse 矩阵,记为 $\nabla^2 f(x)$。

【定理 2】 （无约束优化问题有局部极小解的充分条件） 设 $f(x)$ 具有连续的二阶偏导数,点 x^* 满足 $\nabla f(x^*)=\vec{0}$；并且 $\nabla^2 f(x^*)$ 为正定阵,则 x^* 为无约束优化问题的局部极小解。

定理 1 和定理 2 给出了求解无约束优化问题的理论方法,但困难的是求解方程 $\nabla f(x^*)=\vec{0}$,对于比较复杂的函数,常用的方法是用数值解法。

【问题 3－27】 求无约束优化问题

$$\min f(x)=2x_1^2+3x_2^2-3x_3^2+2x_1x_2+4x_1x_3-x_2x_3$$

的 Hesse 矩阵。

由定义得 $\nabla^2 f=\begin{pmatrix} 4 & 2 & 4 \\ 2 & 6 & -1 \\ 4 & -1 & -6 \end{pmatrix}$。

关于无约束优化问题及有约束优化问题的进一步讨论有兴趣的读者可以参阅相关书籍。

非线性规划也可使用 Lingo 软件进行求解。但这时软件一般只能求到局部极值。

【问题 3－28】 求解优化问题 $\min f(x)=2x_1^2+x_2^2-2x_1x_2+2x_1-2x_2$。

在 Lingo 下,建立程序如图 3－14 所示。

```
LINGO Model - Ch3_15
model:
  min =2*x1*x1-2*x1*x2+x2*x2+2*x1-2*x2;
end
```

图 3－14

相应的解如图 3－15 所示。

【问题 3－29】 求函数 $f(x, y)=2x^2+3y^2-4x+2$ 在闭区域 $D=\{(x, y) \mid x^2+y^2 \leqslant 16\}$ 中的最大值和最小值。

用 Lingo 分别就最大值和最小值编制程序(图 3－16 和图 3－17)。

```
Σ Solution Report - Ch3_15
Local optimal solution found at iteration:               88
 Objective value:                              -1.000000


                 Variable           Value       Reduced Cost
                     X1          0.000000      0.5995204E-06
                     X2          0.9999997        0.000000

                      Row    Slack or Surplus      Dual Price
                        1         -1.000000        -1.000000
```

图 3 - 15

```
Σ LINGO Model - Ch3_16
model:
    min=2*x1*x1+3*x2*x2-4*x1+2;
    x1*x1+x2*x2<=16;
end
```

图 3 - 16

```
Σ LINGO Model - Ch3_16_2
model:
    max=2*x1*x1+3*x2*x2-4*x1+2;
    x1*x1+x2*x2<=16;
end
```

图 3 - 17

分别得到输出结果(图 3 - 18 和图 3 - 19)。

```
Σ Solution Report - Ch3_16
Local optimal solution found at iteration:               95
 Objective value:                          0.1061373E-12


                 Variable           Value       Reduced Cost
                     X1          0.9999998      0.7815972E-07
                     X2          0.000000         0.000000

                      Row    Slack or Surplus      Dual Price
                        1         0.000000        -1.000000
                        2         15.00000         0.000000
```

图 3 - 18

```
∑ Solution Report - Ch3_16_2
   Local optimal solution found at iteration:              31
   Objective value:                                   50.02346


                  Variable            Value        Reduced Cost
                        X1         0.000000            4.000000
                        X2         4.000977            0.000000


                       Row   Slack or Surplus        Dual Price
                         1          50.02346            1.000000
                         2   -0.7819897E-02            3.000000
```

图 3-19

而实际上该问题的最小值解与最大值解分别为

$$\min f = f(1,0) = 0 \ \text{及} \ \max f = f(-2, \pm 2\sqrt{3}) = 54.$$

而 $f(0,4) = 50$ 仅为局部极大点。

3.7 习题

1. 某厂每月最多可生产 3 000 台电脑，每台成本 3 500 元。若当月销售不了，那么每台每月收取一定的存储费用，其中三月份为 15 元，四月份为 20 元，五月份为 22 元。设四、五、六三个月的需求分别为 2 000 台、2 500 台和 4 000 台，已知三月初没有库存，并要求五月底有 300 台的库存。试建立相应的线性规划模型，使总成本为最小。

2. 用图解法求解线性规划：

$$\min z = x_1 + 3x_2,$$

$$\text{s. t.} \begin{cases} x_1 + x_2 \leqslant 20, \\ 6 \leqslant x_1 \leqslant 12, \\ x_2 \geqslant 2. \end{cases}$$

3. 用单纯形法求解线性规划：

$$\max z = 2x_1 - x_2 + x_3,$$

$$\text{s. t.} \begin{cases} 3x_1 + x_2 + x_3 \leqslant 60, \\ x_1 - x_2 + 2x_3 \leqslant 10, \\ x_1 + x_2 - x_3 \leqslant 20, \\ x_i \geqslant 0, \ i = 1, 2, 3. \end{cases}$$

4. 用分枝定界法求解整数规划：

$$\max z = 3x_1 + x_2 + 3x_3,$$

$$\text{s. t.} \begin{cases} -x_1 + 2x_2 + x_3 \leqslant 4, \\ 4x_2 - 3x_3 \leqslant 2, \\ x_1 - 3x_2 + 2x_3 \leqslant 3, \end{cases}$$

$x_1, x_2, x_3 \geqslant 0$，且为整数。

5. 用匈牙利法求下面指派问题的最小值解：

$$C = \begin{pmatrix} 10 & 14 & 15 & 9 & 11 \\ 9 & 15 & 17 & 11 & 12 \\ 13 & 17 & 16 & 12 & 10 \\ 9 & 11 & 14 & 15 & 16 \end{pmatrix}.$$

6. 分别用 Lingo 软件及 Matlab 求解第 1～5 题。

7. 一食品公司按一份合同向一群顾客每人供应一份特殊食品。每份食品要求达到最低的营养标准为：热量 2 860 单位，蛋白质 80 g，铁 15 mg，烟酸 20 mg，维生素 A 20 000 单位。表 3-8 给出了现有食品的单价和营养结构。

表 3-8　食物结构表

食　品	单价(元/50 g)	热　量	蛋白质(g)	铁(mg)	烟酸(mg)	维生素 A
牛　肉	2	309	26	3.1	4.1	
面　包	0.3	276	0.6	0.6	0.9	
胡萝卜	0.1	42	8.5	0.6	0.4	12 000
鸡　蛋	0.3	162	12.8	2.7	0.3	1 140
鱼	1.8	182	26.2	0.8	10.5	

(1) 写出线性规划模型使得构成所需食品的价格最小。

(2) 如果选了鸡蛋就必须选胡萝卜，模型如何变化？

(3) 如果牛肉和鱼只能选一样，模型如何变化？

8. 理财公司向顾客提供 5 个产品可混合投资(可投分数股)。每股产品的现金流和收益(万元)见表 3-9，顾客只有完成了两个阶段的投资才可获得终结收益，不然在产品终结时只能还本。如果顾客现有 50 万元打算全部投资该理财公司的产品，但在第一阶段只有 30 万元到位，而第一阶段用剩下的钱不能用于第二阶段。

表 3 - 9　产品投资收益

	产品 1	产品 2	产品 3	产品 4	产品 5
第一阶段	11	13	5	9	26
第二阶段	3	6	6	18	14
产品终结纯收益	8	12	7	24	39

(1) 安排投资使得收益最大,写出线性规划和计算程序(指出是用的什么软件)。

(2) 写出不可投分数股时投资收益最大的线性规划。

(3) 另外有最多 100 万元贷款,利息在收益时分别根据借时为第一阶段或第二阶段付 5%或 10%的利息,写出此时的投资收益最大的线性规划。

(4) 如果第一阶段剩下的钱可以用于第二阶段,写出此时的投资收益最大的线性规划。

(5) 投资最多选三个产品,写出此时的投资收益最大的线性规划。

9. 要将一些不同类型的物品装到一艘货船上,这些物品的有关数据见表 3 - 10。

表 3 - 10　货船装货

编　号	单位质量(kg)	单位体积(m³)	冷藏要求	可燃指数	价值(元)
1	21	4	要	0.2	12
2	16	2	否	0.2	11
3	18	3	要	0.1	13
4	12	2	否	0.2	10
5	9	1	否	0.1	9
6	32	4	要	0.3	15

已知该船的载重量为 400 000 kg,总容积为 55 000 m³,其中可冷藏的容积为 8 500 m³,允许的可燃总指标不能超过 700,目标是希望装载的物品取得最大价值,每种物品装载的件数不限,但必须整件装。

10. 一单位一周中每天要求的工作人员数见表 3 - 11。

表 3 - 11　每天工作人数需求

周一	周二	周三	周四	周五	周六	周日
17	13	15	19	14	16	11

工会要求每个雇员工作五天要连续两天休息。如果每个雇员的成本是相同的,请完成下列要求:

（1）写出线性规划模型使得雇人的成本最小。

（2）写出 Lingo 程序。

（3）如果有附加条件,雇员不能同时在周六和周日工作,模型如何变化?

（4）如果雇员在周六工作了,则必须在周日工作,并且周末工作日将获得 1.2 倍工资,模型如何变化?

11. 一家采矿公司获得了某地区未来连续七年的开采权,这一地区有五个矿,产同一种矿石。但在每一个年度中,该公司最多有能力开采四个矿,而有一个矿将被闲置。对于闲置的矿,如果在这七年期内随后的某年还要开采,则不能关闭。如果从闲置起在七年内不再开采,就予以关闭。对于开采和保持不关闭的矿,公司应交付土地使用费。各矿每年矿砂产量均有上限,而且不同矿所产矿砂的质量不同。土地使用费、矿砂产量上限和矿砂质量指数见表 3 - 12。

表 3 - 12　采矿数据

矿	1	2	3	4	5
土地使用费(万元)	550	468	525	512	475
产量上限(万 t)	235	248	220	320	289
质量指数	1.1	0.85	1.32	0.86	0.78

将不同矿的矿砂混合所成的矿砂,其质量指数为各成分指数的线性组合,组合系数为各组成成分在混合矿砂中所占的质量的百分比。每一年底公司将各矿全年产出的矿砂混合,要生成具有约定质量指数的矿砂。不同年底的约定质量指数见表 3 - 13。

表 3 - 13　采矿质量指数

年　底	1	2	3	4	5	6	7
质量指数	0.9	0.95	101	0.85	1.05	0.95	0.96

各年度产品矿砂的售价为 36 元/t,年度总收入和费用开支以每年九折计入七年中收入和总费用中。

（1）试建立线性规划模型,确定各年底应开采哪几个矿,产量应各为多少,使得采矿公司获得最大利润?

（2）写出相应的 Lingo 程序,并用 Lingo 软件求解。

（3）对计算结果加以说明。

第4章
离散模型

离散模型是研究对象具有离散的结构，并可利用离散数学的工具研究其相互关系的数学模型。

4.1 简单图论

图论，顾名思义，是以图为研究对象的数学学科。图论中的图通常是一些抽象的图，是由若干定点（表示事物）以及连接它们的线（表示事物间的关系）所构成的图。

图论起源于著名的柯尼斯堡七桥问题。在柯尼斯堡的普莱格尔河上有七座桥将河中的岛及岛与河岸连接起来，问题是要从这四块陆地中任何一块开始，通过每一座桥正好一次，再回到起点。然而无数次的尝试都没有成功，直到欧拉（Leonhard Euler，1707—1783）（图 4-1）在 1736 年解决了这个问题。他用抽象分析法将这个问题化为第一个图论问题，并证明了这个问题没有解。他还推广了这个问题，给出了一个判定法则。尽管在历史上，有

图论图的就是论图。

图 4-1

90

好多位数学家各自独立地研究过图论的方法,但关于图论的文字记载最早出现在欧拉 1736 年的论著中。这些工作使欧拉成为图论(及拓扑学)的创始人。

若存在点集 $V = \{v_i\}$ 以及点集 V 中任意两点间的关系集 E,称 $G = (V, E)$ 是一个图。V 中的元素称为顶点,E 中的元素称为边。E 中任一边总是连接 V 中的两个顶点,称这两个顶点相邻,或者是这条边的两个端点。若 E 中每一边的两个点的关系是相互的,称该图为无向图,否则称为有向图。

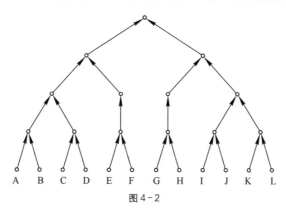

图 4 - 2

【问题 4 - 1】　假设有 12 支足球队 A～L 进行淘汰赛,我们可以用图 4 - 2 表示他们的比赛进程。

一条边的两个端点若相同,称该边为环。若两点之间多于一条边,称为多重边。没有环也没有重边的图称为简单图。边可以是有向的,也可以是无向的,分别称为有向图和无向图。下面是一个无向图的例子。

如图 4 - 3 所示,我们可以把这个图形记为 $G = (V, E)$,其中 $V = \{v_1, v_2, v_3, v_4, v_5\}$,而

$E = \{(v_1, v_2), (v_1, v_4), (v_1, v_5), (v_2, v_3), (v_2, v_4), (v_2, v_5), (v_3, v_5), (v_4, v_5)\}$。若该图中每条边都有确定的指向,则该图是有向图,仍旧可以用上面的记号,只是边集 E 中每条边关联的两个顶点是不可调换的。

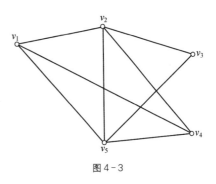

图 4 - 3

如果边带有权,我们称图是一个赋权图。例如,若几个城市之间有火车直通,或者只能通过其他城市中转,图上的权就是城市之间火车行驶的里程数(图 4 - 4)。

可以把该图记为 $G=(V,E,W)$，其中 V，E 同上，而 $W=\{300，700，1\,000，500，350，480，800，100\}$。边集 E 和权集 G 的元素是有对应关系的。若有某种方式把图中的两个顶点通过其他顶点连接起来，即 v_{i_1}，v_{i_2}，$\cdots$，v_{i_k}，使得任意两点 v_{i_j}，$v_{i_{j+1}}$ 在图中都有边相连，称这是连接顶点 v_{i_1} 和 v_{i_k} 的路

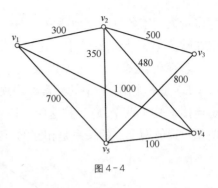

图 4 - 4

径，而所有相连边的权重总和为该路径的长度。所有连接顶点 v_{i_1} 和 v_{i_k} 的路径中长度最短者称为连接这两点的最短路径。

下面给出求解从某一点到其他点的最短路径的标号算法。

算法(Dijkstra 算法)：给定图 $G=(V,E,W)$，求图中某两点 A 和 B 的最短路径。

步骤 1：给顶点 A 赋上永久性标号，记其值为 $d(A)=0$，永久性标号集 $P=\{A\}$。

步骤 2：对所有不在 P 中的顶点 v，即 v 无永久性标号，计算

$$s(v)=\min\{d(v_i)+w(v_i,v)，v_i\in P\}，$$

其中，$w(v_i,v)$ 为连接 v_i，v 这两点的边的权重，若图中无该边，权重为无限大。

步骤 3：计算 v^*，使得 $s(v^*)=\min\{s(v)，v\notin P\}$，记 $d(v^*)=s(v^*)$，且 $P=P\bigcup\{v^*\}$，即赋给 v^* 一个永久性标号。

步骤 4：若 B 已被标上永久性标号，算法停止，否则转步骤 2。

若想求得所有点的最短路径，可以把步骤 4 改为如下所示。

步骤 $4'$：若 $P\neq V$，转步骤 2。

利用图 4 - 4 中的权重可算得 v_1 到 v_4 的最短路径：

(1) $P=\{v_1\}$，$d(v_1)=0$。

(2) $s(v_2)=300$，$s(v_4)=1\,000$，$s(v_5)=700$，$s(v_3)=+\infty$，所以 $P=\{v_1，v_2\}$ 且 $d(v_2)=300$。

(3) $s(v_5)=\min\{700，300+350\}=650$，$s(v_3)=300+500=800$，

$s(v_4)=\min\{1\,000，300+480\}=780$，所以 $P=\{v_1，v_2，v_5\}$，且 $d(v_5)=650$。

(4) $s(v_3)=\min\{300+500，700+800\}=800$。

$s(v_4) = \min\{1\,000, 300+480, 650+100\} = 750$，所以 $P = \{v_1, v_2, v_4, v_5\}$，且 $d(v_4) = 750$。

若仅需 v_1 到 v_4 的最短路径，至此结束，路径为 (v_1, v_2, v_5, v_4)。同理继续计算可得 $d(v_3) = 800$。

一个路径，若其起点和终点重合，称其为一个圈。一个图，若其任意两点皆有路径相连，称为连通图。一个简单图，若不含任意圈，且图是连通的，称之为树。关于树，有下面各种等价的描述方式。

【定理】　下面的说法等价：

(1) 图 $G = (V, E)$ 是树。

(2) 图 $G = (V, E)$ 是连通的无圈图。

(3) 图 $G = (V, E)$ 有 n 个顶点和 $n-1$ 条边，且不含圈。

(4) 图 $G = (V, E)$ 有 n 个顶点和 $n-1$ 条边，且连通。

(5) 图 $G = (V, E)$ 连通，但去掉任一边后不连通。

(6) 图 $G = (V, E)$ 无圈，但每加一边即得到唯一的一个圈。

若给定图 $G = (V, E)$，图 $T = (V, E')$，其中 $E' \subseteq E$，即图 T 含有原图 G 的所有顶点和一部分边，称图 T 是图 G 的生成子图，若 T 是树，则称为生成树。若该树是所有生成树中总权重最小的树，称之为最小生成树。

一个图的最小生成树就是把图中顶点都连接起来的最小方式。它可由如下两个算法之一得到。

算法 1(避圈法)：给定图 $G = (V, E)$，有 n 个顶点。

步骤 1：找到边集 E 中权重最小的边 a，令 $T = \{a\}$。

步骤 2：找到所有满足 $T \cup \{b\}$ 不含圈的边 b，记权重最小的为 b^*，令 $T = T \cup \{b^*\}$。

步骤 3：若 T 含有 $n-1$ 条边则停止，否则，重复步骤 2。

算法 2(破圈法)：给定图 $G = (V, E)$，有 n 个顶点。

步骤 1：找到图 G 中任意一个圈，去掉这个圈中权重最大的边 a。

步骤 2：若 G 恰含有 $n-1$ 条边(或者没有圈)则停止，否则，重复步骤 1。

【问题 4-2】　假设有 $v_1, v_2, \cdots, v_5$ 五个村庄，它们之间的距离如图 4-4 所示。现需要在这些村庄之间架设电网使它们相互连通，求架设电网的最小总长。

【解模】　利用上面的图，求它的最小生成树。用避圈法，则依次添加上的边为 (v_4, v_5)，(v_1, v_2)，(v_2, v_5)，(v_2, v_3)。其中在第四步添加上（v_2，v_4）会生成圈。因此，电网长度最小为 $100 + 300 + 350 + 500 = 1\,250$。

若用破圈法，则去掉边的次序与找到的圈有关，但是得到的最小生成树应该都有相同的总权重（生成树不一定一样）。

一项任务，可能包含若干项简单的工作，这些工作之间有一定的先后次序，假设每项工作都需要耗费一定的时间。我们把某个工作表示为如图 4-5 所示。即一项工作联系着两个时间节点，开始时间和结束时间，这项工作耗时 5 个单位时间。

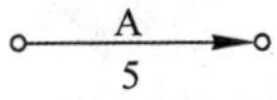

图 4-5

【**问题 4-3**】 图 4-6 表示一项工程，每边表示这项工程所需的各项工作，所耗时间也标在工作上，工作之间有先后关系。例如，工作（v_2，v_5）耗时 1 个单位时间，它必须等待工作（v_1，v_2）完工后才能开始进行；而另一方面，只有它完成后，工作（v_5，v_8），（v_5，v_9）才能开始。这样，这项工程的最早完工时间就是从开始节点 v_1 到终止节点 v_{11} 的最长路径，我们称之为关键路径。在实际应用中，应该把人力、资源等投入在关键路径上的各项工作，确保它顺利完工甚至提前完工，以保证整个工程的顺利完工。

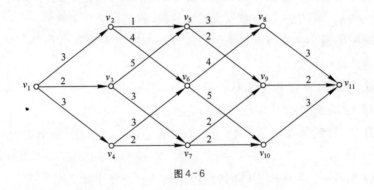

图 4-6

【**解模**】 计算关键路径方法如下。

关键路径算法：

$$\begin{cases} t_E(1) = 0, \\ t_E(j) = \max_i \{t_E(i) + t(i, j)\}. \end{cases}$$

其中，$t_E(i)$ 代表节点 v_i 的最早开工时间，$t(i, j)$ 代表工作（v_i，v_j）的耗时。

依照上面的图，我们有 $t_E(2) = 3$，$t_E(3) = 2$，$t_E(4) = 3$，$t_E(5) = 7$，$t_E(6) = 7$，$t_E(7) = 5$，$t_E(8) = 11$，$t_E(9) = 9$，$t_E(10) = 12$，$t_E(11) = 15$。节点 v_{11} 的

开工时间实际上就是工程的完工时间,因此整项工程在 15 个时间单位后完工。由倒推法,可得 $t_E(11)=t_E(10)+t(10,11)$,因此工作(v_{10},v_{11})在关键路径上。依此类推,关键路径上的工作总计有(v_1,v_2),(v_2,v_6),(v_6,v_{10}),(v_{10},v_{11})。

最迟开工时间 $t_L(i)$ 表示,在不影响整项任务完工时间的情形下,以它为始点的工作的最迟开工时间。最迟开工时间有如下的计算方式:

$$\begin{cases} t_L(\text{end})=\text{总工期}, \\ t_L(i)=\min_j\{t_L(j)-t(i,j)\}. \end{cases}$$

因此,就有 $t_L(11)=15$,$t_L(10)=12$,$t_L(9)=13$,$t_L(8)=12$,$t_L(7)=10$,$t_L(6)=7$,$t_L(5)=9$,$t_L(4)=4$,$t_L(3)=4$,$t_L(2)=3$,$t_L(1)=0$。

可以看到,关键路径上的时间节点,它的最早完工时间和最晚开工时间是一致的,即这些工作不可以延误。

4.2　对策问题

博弈论又被称为对策论(Game Theory),属于运筹学。博弈问题是两人在平等的对局中各自利用对方的策略变换自己的对抗策略,达到取胜的意义。

博弈论在经济、政治、军事、进化生物学以及当代的计算机科学等领域都有广泛的应用。此外,它还与数学、统计、会计、社会心理学等分支都有重要联系。

我国古代的著名军事家孙武(约公元前 535—?)(图 4 - 7)的《孙子兵法》不仅是一部军事著作,而且算是最早的一部博弈论专著。这门理论正式发展成一门学科则是在 20 世纪初。1928 年冯·诺伊曼证明了博弈论的基本原理,从而宣告了博弈论的正式诞生。谈到博弈论就不能不提到天才纳什(John Forbes Nash Jr.,1928—2015)(图 4 - 8),他给出了纳什均衡的概念和均衡存在定理。博弈论是研究对策现象的数学理论和方法。局中人的决策是相互影响的,每个人在决策的时候必须将他人的决策纳入自己的决策考虑之中,当然也需要把别人对于自己的考虑也纳入考虑之中……在如此迭代考虑情形进行决策,选择最有利于自己的战略(strategy)。对策现象必须包含局中人(对策中有决策权的参与者)、策略(局中人的可行方案)和赢得函数(局中人的策略结果)三部分。下面举例说明这些概念。

图4-7 图4-8

【问题4-4】 田忌赛马是一个非常著名的博弈论的例子(图4-9)。战国时期,齐王提出要和田忌进行赛马。双方约定:双方各要从自己上、中、下三个等级出一匹马,比赛三局,每局负者要付给胜者千金。已经知道,田忌的马不如同一等级的齐王的马,而如果田忌的马高齐王一等级,则田忌会获胜。

现在我们用现代对策论的观点来看田忌赛马。这是个对策。

图4-9

田忌和齐王就是这个对策的两个局中人,称为局中人1和局中人2。假设以(上,中,下)表示依次派出的赛马等级,则两个局中人都各有6个策略,分别为(上,中,下)、(上,下,中)、(中,上,下)、(中,下,上)、(下,上,中)、(下,中,上)。

记 $S_1=\{s_1,\cdots,s_6\}$ 为田忌的策略集合,$S_2=\{s_1,\cdots,s_6\}$ 为齐王的策略集合。则我们有一个田忌的赢得函数 $H(s_i,s_j)$。例如 $H(s_1,s_1)=-3$。对于两个局中人,他们一方的所得就是另一方的所失,称该对策是二人零和对策。穷举齐王和田忌的所有不同对策的36种情形,我们得到田忌的赢得矩阵如下,其中矩阵的 (i,j) 元素就是赢得函数 $H(s_i,s_j)$:

$$\begin{bmatrix}
\text{上中下} & \text{上下中} & \text{中上下} & \text{中下上} & \text{下上中} & \text{下中上} & \text{田忌／齐王} \\
-3 & -1 & -1 & -1 & 1 & -1 & \text{上中下} \\
-1 & -3 & -1 & -1 & -1 & 1 & \text{上下中} \\
-1 & 1 & -3 & -1 & -1 & -1 & \text{中上下} \\
1 & -1 & -1 & -3 & -1 & -1 & \text{中下上} \\
-1 & -1 & -1 & 1 & -3 & -1 & \text{下上中} \\
-1 & -1 & 1 & -1 & -1 & -3 & \text{下中上}
\end{bmatrix}$$

【定理】　记某一局中人的赢得矩阵为 A，其策略集为 $S_1=\{\alpha_1,\cdots,\alpha_m\}$，另一局中人的策略集为 $S_2=\{\beta_1,\cdots,\beta_n\}$，则 $A\in R^{m\times n}$。若有某个 i^*,j^* 使得

$$a_{ij^*}\leqslant a_{i^*j^*}\leqslant a_{i^*j},\ i=1,2,\cdots,m,\ j=1,2,\cdots,n,$$

则局中人的最优策略分别为 α_{i^*} 和 β_{j^*}。事实上,该策略存在有以下充要条件:

$$\max_i\min_j a_{ij}=\min_j\max_i a_{ij}=a_{i^*j^*},$$

称矩阵 A 中的值 $a_{i^*j^*}$ 为矩阵对策的值。

【问题 4-5】　求解如下矩阵对策:

$$\begin{bmatrix}
\beta_1 & \beta_2 & \beta_3 & \beta_4 & \\
-1 & 2 & -2 & 4 & \alpha_1 \\
2 & -1 & 3 & 3 & \alpha_2 \\
2 & 3 & 5 & 3 & \alpha_3 \\
0 & -2 & 3 & -1 & \alpha_4
\end{bmatrix}$$

【解模】　建立如下矩阵:

$$\begin{bmatrix}
(2) & 3 & 5 & 4 & \max/\min \\
-1 & 2 & -2 & 4 & -2 \\
2 & -1 & 3 & 3 & -1 \\
[2] & 3 & 5 & 3 & (2) \\
0 & -2 & 3 & -1 & -2
\end{bmatrix}$$

行上最小的数分别为 $-2,-1,2,-2$，其最大值为 2。列上的最大数分

别为 2，3，5，4，其最小值为 2，两者相等。因此，对策的值为 2，最优策略为 α_3，β_1。

该对策称为矩阵的鞍点。当局中人 1 选择 α_3 时，局中人 2 不能偏离策略 β_1，否则其损失只能更大；反之，当局中人 2 选择 β_1 时，局中人 1 最多赢得 2。他若选择 α_2，可能的最好结局是赢得 3，但有可能损失 1。

矩阵对策具有如下两个性质：

性质 1（无差别性）：若 $(\alpha_{i_1}, \beta_{j_1})$，$(\alpha_{i_2}, \beta_{j_2})$ 是对策的两个解，则有 $a_{i_1 j_1} = a_{i_2 j_2}$。

性质 2（可交换性）：若 $(\alpha_{i_1}, \beta_{j_1})$，$(\alpha_{i_2}, \beta_{j_2})$ 是对策的两个解，则 $(\alpha_{i_1}, \beta_{j_2})$，$(\alpha_{i_2}, \beta_{j_1})$ 也是对策的解。

但是，在很多情况下，对策矩阵并不一定有鞍点，如 $\begin{bmatrix} 3 & 4 \\ 6 & 2 \end{bmatrix}$。田忌和齐王的赛马对策矩阵也是没有鞍点的。

当对策不存在鞍点时，局中人都会尽量利用自己有利的策略以保证自己的赢得最大。此时，局中人 1 按照概率 $x = (x_1, \cdots, x_m)^T$ 取策略集 $\{\alpha_1, \cdots, \alpha_m\}$ 中的某个策略，局中人 2 则按概率 $y = (y_1, \cdots, y_n)^T$ 取策略集 $\{\beta_1, \cdots, \beta_n\}$ 中的某个策略。(x, y) 称为混合局势，其原意为取一个纯策略的相应概率。因此，向量 x，y 满足 x_i，$y_j \geqslant 0$ 且 $\sum_{i=1}^{m} x_i = \sum_{j=1}^{n} y_j = 1$。此时，局中人 1 的赢得函数为 $E(x, y) = x^T A y = \sum_{i=1}^{m} \sum_{j=1}^{n} a_{ij} x_i y_j$。

【定理】 混合对策有解的充要条件是，存在满足 $x_i^* \geqslant 0$，$y_j^* \geqslant 0$，且 $\sum_{i=1}^{m} x_i^* = \sum_{j=1}^{n} y_j^* = 1$ 的向量 x^*，y^*，使得

$$E(x, y^*) \leqslant E(x^*, y^*) \leqslant E(x^*, y)$$

对于所有 x，y 成立，其中 x，y 满足 x_i，$y_j \geqslant 0$ 且 $\sum_{i=1}^{m} x_i = \sum_{j=1}^{n} y_j = 1$。

若在某对策中，局中人的赢得之和非零，我们称对策为非零和对策，并且可用双对策矩阵表示。假设局中人 1 的策略集为 $\{\alpha_1, \cdots, \alpha_m\}$，局中人 2 的策略集为 $\{\beta_1, \cdots, \beta_n\}$，并设两局中人在对策 (α_i, β_j) 下的赢得分别为 (a_{ij}, b_{ij})。双对策矩阵是一个 m 行 n 列的矩阵，其 (i, j) 元素即为

(a_{ij}, b_{ij})。

下面的例子是著名博弈模型"囚徒困境(prisoners' dilemma)"(图 4-10)。

假设有两个小偷 A 和 B 联合犯事、私入民宅被警察抓住。警方将两人置于不同的房间内进行审讯,对每一个犯罪嫌疑人,警方给出的政策是:如果一个犯罪嫌疑人坦白了罪行,交出了赃物,于是证据确凿,两人都被判有罪;如果另一个犯罪嫌疑人也作了坦白,则两人各被判刑 8 年;如果另一个犯罪嫌疑人没有坦白而是抵赖,则以妨碍公务罪(因已有证据表明其有罪)再加刑 2 年,而坦白者有功被减刑 8 年,立即释放;如果两人都抵赖,则警方因证据不足不能判两人的偷窃罪,但可以私入民宅的罪名将两人各判入狱 1 年。表 4-1 给出了这个对策的赢得矩阵。

图 4-10

表 4-1　囚徒的选择

A 或 B	坦　白	抵　赖
坦　白	$(-8, -8)$	$(0, -10)$
抵　赖	$(-10, 0)$	$(-1, -1)$

对 A 来说,尽管他不知道 B 作何选择,但他知道无论 B 选择什么,他选择"坦白"总是最优的。显然,根据对称性,B 也会选择"坦白",结果是两人都被判刑 8 年。但是,倘若他们都选择"抵赖",每人只被判刑 1 年。在表 4-1 中的四种行动选择组合中,(抵赖,抵赖)是最优的,因为偏离这个行动选择组合的任何其他行动选择组合都至少会使一个人的境况变差,所以这个组合是不稳定的。不难看出,"坦白"是任一犯罪嫌疑人的占优战略,而(坦白,坦白)是一个占优战略均衡。

记矩阵 $A = (a_{ij})$,$B = (b_{ij})$,则对于非零和对策有如下定义:

【定义】　设 $x = (x_1, \cdots, x_m)^T$,$y = (y_1, \cdots, y_n)^T$ 为两个局中人的混合策略,若存在一对策略 x^*,y^* 使得 $x^T A y^* \leqslant x^{*T} A y^*$,且 $x^{*T} B y \leqslant x^{*T} B y^*$,称该策略为对策的一个平衡点,或者也称为 Nash 平衡点。

4.3 层次分析法

层次分析法很有层次哦！

图 4－11

层次（Hierarchy）分析法（AHP）是 Thomas L. Saaty（1926—2017）（图 4－11）等人在 20 世纪 70 年代初提出的一种可广泛使用于工程技术、经济管理、社会生活等各方面，用来对一些不易量化的关系进行处理的数学方法，可以进行决策、分析和预报。层次分析法把人的思维过程进行层次化、数量化，用数学方法进行分析、预报和控制，是一种把定性和定量结合起来的方法。

层次分析法的基本思想是，如果一个问题的目标由若干个因素决定，则这些因素在目标中的比重，或称为贡献，是最重要的，这也是首先要确定的。根据这些比重对不同的因素加以综合，得到一个总的贡献，选择所得的总贡献最大的各因素的情形，我们就得到了最优方案。

层次分析法具体步骤为：明确问题、递阶层次结构的建立、建立两两比较的判断矩阵、层次单排序、层次综合排序、递阶层次结构的建立。我们以下面的例子来说明层次分析法一般的操作过程。

【问题 4－6】 某单位要选一名新的领导，初步选中三个人选，如何从他们中选定呢？他们的信息见表 4－2。

表 4－2 候选人信息

姓　名	年　龄	工作年限（年）	学　历	管理经验（年）
张小三(A)	53	20	大　专	8
李大四(B)	46	14	本　科	7
王老五(C)	38	8	研究生	4

【建模】　我们得到一个决策的层次图(图 4-12)。

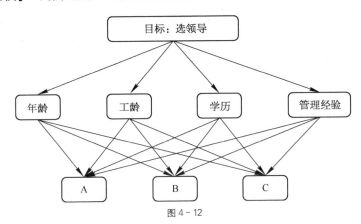

图 4-12

我们称上层为目标层,第二层为准则层,底层为方案层。一般地,准则层可以有多个层次。

【解模】　我们构造一个成对的比较矩阵,反映年龄、工龄、学历和管理经验等因素在选拔领导中的重要性。也就是构造矩阵 A,使其元素 a_{ij} 反映出因素 i 对因素 j 的重要性。一般地,a_{ij} 的取值见表 4-3。

表 4-3　重要性指数

标　　　度	含　　　义
1	因素 i 对因素 j 的重要性相同
3	因素 i 比因素 j 稍微重要
5	因素 i 比因素 j 重要
7	因素 i 比因素 j 相当重要
9	因素 i 绝对比因素 j 重要
2, 4, 6, 8	因素 i 比因素 j 重要性介于上面描述等级之间
$1, \dfrac{1}{2}, \dfrac{1}{3}, \cdots$	因素 j 比因素 i 的重要性为 i 对 j 重要性的倒数

我们称该矩阵为成对比较矩阵,或称判断矩阵。显然,

$$a_{ij} > 0, \ a_{ij} = a_{ji}^{-1}, \ a_{ii} = 1.$$

如果对于判断矩阵 A,其元素满足传递性,即

$$a_{ik} a_{kj} = a_{ij}, \ i, \ j, \ k = 1, \ 2, \ \cdots, \ n.$$

我们称该矩阵为一致判断矩阵。

我们记年龄、工龄、学历和管理经验分别为因素 1，2，3，4。假定在该单位中，选拔领导管理经验最为重要，学历和年龄次之，工龄最为次要，我们可能得到如下的比较矩阵(例如由该单位员工打分，或专家打分给出)：

$$A = \begin{bmatrix} 1 & 3 & 2 & \dfrac{1}{5} \\[2mm] \dfrac{1}{3} & 1 & \dfrac{1}{3} & \dfrac{1}{7} \\[2mm] \dfrac{1}{2} & 3 & 1 & \dfrac{1}{4} \\[2mm] 5 & 7 & 4 & 1 \end{bmatrix}.$$

一般有如下三个方法可以得到各个因素之间的相对权重。

(1) 和法。取判断矩阵的列向量归一化的算术平均值，即

$$w_i = \frac{1}{n} \sum_{j=1}^{n} \frac{a_{ij}}{\sum_{k=1}^{n} a_{kj}}, \ i = 1, 2, \cdots, n.$$

用下面的程序即可实现该公式：

```
>> format compact
>> A = [1 3 2 1/5;1/3 1 1/3 1/7;1/2 3 1 1/4;5 7 4 1];
>> n = size(A,1);
>> w = zeros(n,1);
>> for k = 1:n,
   w = w + 1/n * A(:, k)/sum(A(k, :));
end
>> w'
ans =
   0.5630   0.1712   0.4909   1.3940
```

得到四个数分别为年龄、工龄、学历和管理经验的权重。

(2) 求根法。把上述和法的计算公式改变为

$$w_i = \frac{\left(\prod_{j=1}^{n} a_{ij}\right)^{\frac{1}{n}}}{\sum_{i=1}^{n} \left(\prod_{j=1}^{n} a_{ij}\right)^{\frac{1}{n}}}, \ i = 1, 2, \cdots, n.$$

(3) 特征根法。记矩阵 A 最大特征值为 $\lambda_{\max}$，其对应分量全为正的特征向量即为 w。我们有

```
>>[V,D]=eig(A)
V =
  0.2837         -0.0461＋0.2869i    -0.0461－0.2869i      -0.2052
  0.0948          0.0019－0.0788i     0.0019＋0.0788i      -0.1193
  0.2099         -0.1816－0.0439i    -0.1816＋0.0439i       0.1989
  0.9308          0.9351             0.9351               0.9508
D =
  4.1387          0                  0                    0
  0              -0.0090＋0.7562i     0                    0
  0               0                 -0.0090－0.7562i       0
  0               0                  0                   -0.1207
```

则 V 的第一列对应特征值 4.138 7 为最大，它的四个分量是年龄、工龄、学历和管理经验的权重：0.283 7，0.094 8，0.209 9，0.930 8。

通常两两成对的比较方式得到的判断矩阵不具有传递性，即不一致，我们需要用一致性比率指标检查两两比较方式是否有偏颇。

一致性比率指标 CR 定义为 $CR = \dfrac{CI}{RI}$，若 $CR < 0.1$，则认为判断矩阵一致性是可以接受的，其中 RI 是随机一致性指标，由表 4-4 给出。

表 4-4　随机一致性指标

n	1, 2	3	4	5	6	7	8	9	10	11	12	13	14	15
RI	0	0.58	0.9	1.12	1.24	1.32	1.41	1.45	1.49	1.51	1.54	1.56	1.58	1.59

CI 为一致性指标，它有如下公式给出：

$$CI = \frac{\lambda_{\max} - n}{n - 1}.$$

而 RI 由表 4-4 得，$n = 4$ 时为 0.9。

我们可以得到上述矩阵 A 的一致性比率指标为 $\dfrac{\frac{4.138\,7 - 4}{4 - 1}}{0.9} = 0.051$，因此该判断矩阵是可以接受的。

下面，我们要给 A，B，C 三个人按照每一项打分，这样可以得到表 4-5。按照模糊打分的方法，假设领导的最佳年龄是 45～50 岁，两边衰减；工龄每 10 年换成 1 分，不足 10 年以 10 年计算；学历也由相对重要性给出，越高越好；管理经验每 3 年换算成 1 分，不足 3 年以 3 年计算。

表 4 - 5　候选人积分折算表

姓　名	年　龄	工作年限	学　历	管理经验
A	0.9	2	0.7	3
B	1	2	0.8	3
C	0.7	1	1	2

这样,如果用特征根法,我们可以得到三人的综合打分如下:

A:$0.9 \times 0.283\,7 + 2 \times 0.094\,8 + 0.7 \times 0.209\,9 + 3 \times 0.930\,8 = 3.384\,3.$

B:$1 \times 0.283\,7 + 2 \times 0.094\,8 + 0.8 \times 0.209\,9 + 3 \times 0.930\,8 = 3.433\,6.$

C:$0.7 \times 0.283\,7 + 1 \times 0.094\,8 + 1 \times 0.209\,9 + 2 \times 0.930\,8 = 2.364\,9.$

因此,B 的排名最高,A 次之,C 最低。

【结论】　李大四在新领导选拔中脱颖而出。

4.4　合理分配效益的 Shapley 方法

在社会或经济活动中,两个或多个实体,例如个人、公司、国家等,相互合作结成联盟或者利益集团,通常能得到比他们单独活动时获得更大的利益,产生一加一大于二的效果。然而,这种合作能够达成或者持续下去的前提就是,合作各方能够在合作的联盟中得到他应有的那份利益。那么,如何才能做到合理地分配合作各方获得的利益呢?我们先来看一个简单的例子。

图 4 - 13

【问题 4 - 7】　甲、乙、丙三人合作经商。倘若甲、乙合作可获利 7 万元,甲、丙合作可获利 5 万元,乙、丙合作可获利 4 万元,三人合作则获利 10 万元,每人单干各获利 1 万元。问三人合作时如何分配获利(图 4 - 14)?

很显然,利益分配时,三人获利总和应为 10 万元。设甲、乙、丙三人分配获利为 x_1, x_2, x_3, 则有

$$\begin{cases} x_1 \geqslant 1,\ x_2 \geqslant 1,\ x_3 \geqslant 1, \\ x_1 + x_2 \geqslant 7,\ x_1 + x_3 \geqslant 5,\ x_2 + x_3 \geqslant 4, \\ x_1 + x_2 + x_3 = 10. \end{cases}$$

图 4-14

三人中如果谁获利小于 1 万元,则他就会单干,不会加入这个联盟。如果 $x_1 + x_2 \geqslant 7$ 不成立,甲和乙就会组成一个小的联盟,而把丙抛在一边。

但是,这个系统由无穷多组解,例如 $(x_1, x_2, x_3) = (4, 3, 3)$, $(6, 2, 2)$, $(5, 3, 2)$, 甚至是 $(3, 5, 2)$。很显然,站在乙或丙的角度,和甲合作都可以获得更大的利益,换言之,甲在他所参与的合作中贡献最大;同理,乙次之,丙贡献最小。因此,像 $(5, 3, 2)$, $\left(\dfrac{14}{3}, \dfrac{11}{3}, \dfrac{5}{3} \right)$ 都是合理的解。哪一个更合理? 因此应该有一种圆满的利益分配方法。

这类问题称为 n 人合作对策。L. S. Shapley(1923—2016)在 1953 年给出了解决该问题的一种方法,称为 Shapley 值法。

下面先给出合作对策的一般模型。记 $I = \{1, 2, \cdots, n\}$ 为 n 个合作人的集合。若对于 I 的任何子集 $s \subseteq I$ 都有一个实数 $v(s)$ 与之对应,且满足下列条件:

(1) $v(\varnothing) = 0$,其中 $\varnothing$ 为空集。

(2) 对于任意两个不交子集 s_1, $s_2 \subseteq I$, 都有 $v(s_1 \bigcup s_2) \geqslant v(s_1) + v(s_2)$, 则称 $v(s)$ 为定义在 I 上的一个特征函数。

在实际问题中,$v(s)$ 就是各种联盟的获利,而第二个条件表明任何情况下合作至少总比单干或者小团体的合作来得有利。合作对策就是需要确定每个人获得的利益 $\varphi_i(v)$, 或者对全体成员来讲就是向量 $\varphi(v) = (\varphi_1(v)$, $\varphi_2(v)$, $\cdots$, $\varphi_n(v))$。按照前例的分析,我们知道合理的分配需要满足

$$\sum_{i \in s} \varphi_i(v) \geqslant v(s),$$

并且,该式当 $s = I$ 时等号成立。

上述的提法中实质上没有什么限制,这样我们总可以找到多个解。所以,

必须有一些有关合理性的限制,在该限制下,寻找合理的对策才是有意义的。

Shapley 给出了一组对策应满足的公理,并证明了在这些公理下合作对策是唯一的。

【公理 1】 **(对称性)**设 π 是 $I = \{1, 2, \cdots, n\}$ 的一个排列,对于 I 的任意子集 $s = \{i_1, i_2, \cdots, i_n\}$,有 $\pi s = \{\pi i_1, \pi i_2, \cdots, \pi i_n\}$。若在定义特征函数 $w(s) = v(\pi s)$,则对于每个 $i \in I$ 都有 $\varphi_i(w) = \varphi_{\pi i}(v)$。

这表示合作获利的分配不随每个人在合作中的记号或次序变化。

【公理 2】 **(有效性)**合作各方获利总和等于合作获利:

$$\sum_{i \in I} \varphi_i(v) = v(I).$$

【公理 3】 **(冗员性)**若对于包含成员 i 的所有子集 s 都有 $v(s \backslash \{i\}) = v(s)$,则 $\varphi_i(v) = 0$。其中 $s \backslash \{i\}$ 为集合 s 去掉元素 i 后的集合。

这说明如果一个成员对于任何他参与的合作联盟都没有贡献,则他不应当从全体合作中获利。

【公理 4】 **(可加性)**若在 I 上有两个特征函数 v_1,v_2,则有

$$\varphi(v_1 + v_2) = \varphi(v_1) + \varphi(v_2).$$

这表明有多种合作时,每种合作的利益分配方式与其他合作结果无关。

Shapley 证明了满足这四条公理的 $\varphi(v)$ 是唯一的,并且其公式为

$$\varphi_i(v) = \sum_{s \in S_i} \omega(|s|) [v(s) - v(s \backslash \{i\})],$$

其中,S_i 是 I 中包含成员 i 的所有子集形成的集合,$|s|$ 是集合 s 元素的个数,$\omega(|s|)$ 是加权因子且有

$$\omega(|s|) = \frac{(|s|-1)! \ (n-|s|)!}{n!}.$$

Shapley 值公式可以解释如下:$v(s) - s(s \backslash \{i\})$ 是成员 i 在他参与的合作 s 中做出的贡献。这种合作的总计有 $(|s|-1)! \ (n-|s|)!$ 出现的方式,因此每一种出现的概率就是 $\omega(|s|)$。

这个方法写成程序就是:

```
function shapley
n = input('Number of cooperators: ');
for j = 1:n,
    nam{j} = input (['Name of cooperator ' num2str(j) ': '], 's');
end
```

```
for k = 1:2^n- 1,
    w{k} = abs(dec2bin(k) - 48);
    w{k} = [ zeros(1, n- length(w{k})) w{k} ];
    fprintf('The profit for cooperator');
    for j = 1:n,
        if w{k}(j) == 1,
            fprintf('% s', nam{j});
        end
    end
    p(k) = input(': ');
end
fprintf('\nIf they cooperate, then \n');
for j = 1:n,
    x(j) = 1/n * p(2^(n- j));
    for k = 1:2^n- 1,
        if w{k}(j) == 0,
            s = sum(w{k}) + 1;
            ww = 1 / s / nchoosek(n, s);
            x(j) = x(j) + ww * ( p(k+ 2^(n- j)) - p(k) );
        end
    end
    fprintf('The profit for % s is: % f. \n', nam{j}, x(j));
end
```

现在我们来解决三人合作经商的问题。

把甲、乙、丙三人分别记作 1，2，3，由表 4-6 可求得甲应得的获利为

$\varphi_1(v) = \dfrac{1}{3} + 1 + \dfrac{2}{3} + 2 = 4$ 万元。同理，可求得乙和丙的获利分别为 $\varphi_2(v) =$

3.5 万元和 $\varphi_3(v) = 2.5$ 万元。

表 4-6　三人经商甲的收益表

s	1	$\{1, 2\}$	$\{1, 3\}$	$\{1, 2, 3\}$
$v(s)$	1	7	5	10
$v(s\backslash\{1\})$	0	1	1	4
$v(s) - v(s\backslash\{1\})$	1	6	4	6
$\lvert s \rvert$	1	2	2	3
$w(\lvert s \rvert)$	$\dfrac{1}{3}$	$\dfrac{1}{6}$	$\dfrac{1}{6}$	$\dfrac{1}{3}$
$w(\lvert s \rvert)[v(s) - v(s\backslash\{1\})]$	$\dfrac{1}{3}$	1	$\dfrac{2}{3}$	2

下面再来看另外一个实际应用例子。

【问题 4-8】　如图 4-15 所示，沿河有三个城镇 1，2，3，依次从上游向下

游排列,1, 2 的距离为 20 km,2, 3 的距离为 38 km。城镇的污水需经处理后方可排入河内。因此,三镇可以单独建厂处理污水,也可以联合建厂,用管道将污水集中处理。污水应从位于上游的城镇向位于下游的城镇输送。

以 Q 表示污水量(t/s),L 表示管道长度(km),按照经验公式有:建厂费用 $C_1 = 730Q^{0.712}$ 万元,管道费用 $C_2 = 6.6Q^{0.51}L$ 万元。

三城镇地理位置示意图

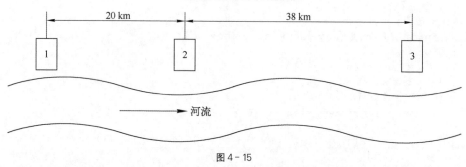

图 4 - 15

已知三城镇的污水量分别为 $Q_1 = 5(t/s)$,$Q_2 = 3(t/s)$,$Q_3 = 5(t/s)$。试从节约投资的角度出发,请给出一种最优的污水处理方案。

【建模】 首先我们来考虑不同的投资方案(单位:万元)。

方案 1:三个城镇都单独建厂。这时,各城镇的投资分别为

$$C_1 = 730 \times 5^{0.712} = 2\ 296;\quad C_2 = 730 \times 3^{0.712} = 1\ 596;$$

$$C_3 = 730 \times 5^{0.712} = 2\ 296.$$

因此,总投资为 $S_1 = C_1 + C_2 + C_3 = 6\ 188$。

方案 2:城镇 1, 2 联合建厂,城镇 3 单独建厂。此时,

$$C_{12} = 730 \times (5+3)^{0.712} + 6.6 \times 5^{0.51} \times 20 = 3\ 508;\quad C_3 = 2\ 296.$$

因此,总投资为 $S_2 = C_{12} + C_3 = 5\ 804$。 明显地,$C_{12} < C_1 + C_2$,即城镇 1, 2 联合有利可图。

方案 3:城镇 2, 3 联合建厂,城镇 1 单独建厂。此时,

$$C_{23} = 730 \times (5+3)^{0.712} + 6.6 \times 3^{0.51} \times 38 = 3\ 648;\quad C_1 = 2\ 296.$$

因此,总投资为 $S_3 = C_{23} + C_1 = 5\ 944$。 同方案 2,城镇 2, 3 联合有利可图。

方案 4:城镇 1, 3 联合建厂,城镇 2 单独建厂。此时,

$$C_{13} = 730 \times (5+5)^{0.712} + 6.6 \times 5^{0.51} \times (20+38) = 4\ 631; \ C_2 = 1\ 596.$$

因此，$C_{13} > C_1 + C_3$，城镇 1，3 联合比不联合更贵。

方案 5：城镇 1，2，3 联合建厂。总投资为

$$C_{123} = 730 \times (5+3+5)^{0.712} + 6.6 \times 5^{0.51} \times 20$$
$$+ 6.6 \times (3+5)^{0.51} \times 38 = 5\ 558.$$

所以，总投资最少的方式应该是三镇联合建厂。应该如何在三个城镇之间分配投资额呢？

【解模】 如果直接把总投资额用上述 Shapley 值法分配，会得到不合理的结果，直接原因就是总投资额并不是总收益。在该问题中，我们可以把投资建厂省下的钱作为收益，然后用 Shapley 值法来分配。这样，首先定义特征函数如下：

$$v(\varnothing) = 0, \ v(\{1\}) = v(\{2\}) = v(\{3\}) = 0,$$
$$v(\{1,\ 2\}) = C_1 + C_2 - C_{12} = 2\ 296 + 1\ 596 - 3\ 508 = 312,$$
$$v(\{1,\ 3\}) = C_1 + C_3 - C_{13} = 2\ 296 + 2\ 296 - 4\ 631 < 0,$$
$$v(\{2,\ 3\}) = C_2 + C_3 - C_{23} = 1\ 596 + 2\ 296 - 3\ 648 = 244,$$
$$v(\{1,\ 2,\ 3\}) = C_1 + C_2 + C_3 - C_{123} = 2\ 296 + 1\ 596 + 2\ 296 - 5\ 558 = 630.$$

这时，应令 $v(\{1,\ 3\}) = 0$。

如同前面的例子，对城镇 1 列表计算（表 4 - 7）。

表 4 - 7　三城镇联合建厂城镇 1 省钱表

s	1	$\{1,\ 2\}$	$\{1,\ 3\}$	$\{1,\ 2,\ 3\}$
$v(s)$	0	312	0	630
$v(s\backslash\{1\})$	0	0	0	244
$v(s) - v(s\backslash\{1\})$	0	312	0	386
$|s|$	1	2	2	3
$w(|s|)$	$\dfrac{1}{3}$	$\dfrac{1}{6}$	$\dfrac{1}{6}$	$\dfrac{1}{3}$
$w(|s|)[v(s) - v(s\backslash\{1\})]$	0	52	0	129

所以，$\varphi_1(v) = 181$，同理，可得 $\varphi_2(v) = 303$，$\varphi_3(v) = 146$。

这样，三个城镇的合理投资额的分配应为

$$I_1 = C_1 - \varphi_1(v) = 2\,296 - 181 = 2\,115,$$
$$I_2 = C_2 - \varphi_2(v) = 1\,596 - 303 = 1\,293,$$
$$I_3 = C_3 - \varphi_3(v) = 2\,296 - 146 = 2\,150.$$

【结论】 最省钱的方案是三城镇联合建厂，城镇 1，2，3 需分别投资 2 115 万元、1 293 万元和 2 150 万元。

4.5 球队排名问题

在一定地域范围内，某一体育运动项目的运动员数量很多（比如乒乓球、网球、羽毛球等），他们相互之间可能有过一次或者多次的同场比赛，但某些运动员之间也可能从来没有过同场比赛。如何根据这些运动员以往的比赛成绩给出他们的地区排名或者世界排名，是体育界需要解决的问题。事实上，目前各项体育运动项目都给出了运动员个人或者国家队的地区排名、世界排名，由于运动员人数众多，某些运动项目的运动员排名次序已经排到了 1 000 名以外，如此庞大的排名系统，究竟是按照什么规则来处理的呢？相信很多人都会提出这样的问题。我们试图从一个较为简单的足球竞赛问题入手，尝试通过数学建模的方法，确定若干支足球队的排名次序。

【问题 4－9】 试根据下列所述的 12 支足球队的不完全竞赛成绩表，建立数学模型和相应算法，给出 12 支球队排名次序，进而推广到一般性的排名问题。

假设 12 支足球队分别用 T_1，T_2，$\cdots$，T_{12} 表示，球队相互之间的比赛场次不尽相同，某些球队之间比赛多场，互有输赢，进球数也不尽相同；而某些球队之间仅赛一场，或者根本没有进行过比赛。各场比赛的结果如下表所示，表中"无"表示两支足球队之间没有进行比赛，表中的数据则表示两支球队之间的比赛场次以及各场比赛的进球数之比。

假设各场比赛的得分采用 3 分制，即：胜一场得 3 分，平一场得 1 分，输一场得 0 分。

各球队之间的比赛互有输赢，假设参赛各球队之间存在客观真实实力差距，各队在每场比赛中体现出来的胜负成绩（表面实力）是以他们的真实实力为中心的相互独立的正态分布。

我们要解决的问题是：

（1）设计一个依据竞赛成绩表给出 12 支球队排名的模型和算法，并给出最终排名结果；

（2）模型和算法能否适用于一般的 N 支足球队的排名问题？

（3）试讨论比赛成绩表的数据应满足什么条件才能确保可由此给出各球队的排序？

表 4-8　12 支足球队的比赛成绩表

	T_1	T_2	T_3	T_4	T_5	T_6	T_7	T_8	T_9	T_{10}	T_{11}	T_{12}
T_1	无	0：1 1：0 0：0	2：2 1：0 0：2	2：0 3：1 1：0	3：1	1：0	0：1 1：3	0：2 2：1	1：0 4：0	1：1 1：1	无	无
T_2		无	2：0 0：1 1：3	0：0 2：0 0：0	1：1	2：1	1：1 1：1	0：0 0：0	2：0 1：1	0：2 0：0	无	无
T_3			无	4：2 1：1 0：0	2：1	3：0	1：0 1：4	0：1 3：1	1：0 2：3	0：1 2：0	无	无
T_4				无	2：3	0：1	0：5 2：3	2：1 1：3	0：1 0：0	0：1 1：1	无	无
T_5					无	0：1	无	无	无	无	1：0 1：2	0：1 1：1
T_6						无	无	无	无	无	无	1：1
T_7							无	1：0 2：0 0：0	2：1 3：0 2：2	3：1 3：0 2：2	3：1	2：0
T_8								无	0：1 1：2 2：0	1：1 1：0 0：1	3：1	0：0
T_9									无	3：0 1：0 0：0	1：0	1：0
T_{10}										无	1：0	2：0
T_{11}											无	1：1 1：2
T_{12}												无

【分析】 考虑建立初步排名方案

我们首先采用"总积分法"、"总平均得分法"两种方案确定排名顺序,这些排序方法简单直观,但如后所述,它们在实际使用过程中存在明显的漏洞。

1. 总积分法

(1) 球队 T_i 的排名得分 y_i 按如下规则确定:

根据比赛成绩,设球队 T_i 与球队 $T_j (j \neq i)$ 所有比赛的总得分为 a_{ij},则球队 T_i 的排名得分取为

$$y_i = \sum_{j=1, j \neq i}^{N} a_{ij}.$$

(2) 按照上述规则可得所有 12 支球队的排名分如下表 4-9。

表 4-9 按"总积分法"的排名

队号	T_1	T_2	T_3	T_4	T_5	T_6	T_7	T_8	T_9	T_{10}	T_{11}	T_{12}
得分	34	25	33	9	8	7	44	23	28	25	4	10

由此可得 12 支球队的排名次序为

$$C = (T_7, T_1, T_3, T_9, T_2, T_{10}, T_8, T_{12}, T_4, T_5, T_6, T_{11}).$$

我们还看到因为 T_2 和 T_{10} 总积分相等,所以排序不唯一。

2. 总平均得分法

(1) 球队 T_i 的排名得分 y_i 按照如下规则确定:

根据比赛成绩,设球队 T_i 与球队 $T_j (j \neq i)$ 的所有比赛的总得分记为 a'_{ij},记 $a_{ij} = \dfrac{a'_{ij}}{k_{ij}}$(球队比赛的平均得分),其中 k_{ij} 表示球队 T_i 与球队 T_j 之间比赛的总场次,则球队 T_i 的排名得分取为

$$y_i = \sum_{j=1, j \neq i}^{N} a_{ij}.$$

(2) 按照上述规则可得所有 12 支球队的排名分如下表 4-10。

表 4-10 按"总平均得分法"的排名

队号	T_1	T_2	T_3	T_4	T_5	T_6	T_7	T_8	T_9	T_{10}	T_{11}	T_{12}
得分	$\dfrac{103}{6}$	$\dfrac{25}{2}$	17	$\dfrac{23}{6}$	6		$\dfrac{43}{2}$	$\dfrac{73}{6}$	$\dfrac{44}{3}$	$\dfrac{29}{2}$	2	6

（3）由此可得 12 支球队的排名次序为

$$C = (T_7, T_1, T_3, T_9, T_{10}, T_2, T_8, T_6, T_5, T_{12}, T_4, T_{11}).$$

首先，从上述两种计分方式的排序结果来看，两种方案排名前四位的球队、排名最后一位的球队完全相同，而排名在中间位置的球队的次序有较大差异，究竟哪一种排序更加合理，从排序方案或计分方式本身并不能解释。

另外，以上两种排名方案虽然简单直观且技术上容易操作，但两者都存在明显的漏洞：如果某支水平一般的球队"碰巧"跟弱队比赛场次较多，则显然得分较高，按得分高低排序，该球队的排名可能会很靠前，这显然有失公平。为了堵上某些球队专门找"弱队"比赛以获取较高竞赛排名分的漏洞，计分规则应考虑各队获胜得分的比赛对手的强弱程度，以体现获胜得分的含金量。

【建模】 考虑对手强弱系数的竞赛得分排名模型——特征向量法

一、规则　排名取决于比赛得分，比赛得分依对手强弱的差异体现得分的含金量：

（1）球队 T_i 的比赛得分 y_i 等于该球队与其他各队比赛的得分之和；

（2）球队 T_i 与球队 T_j 比赛的得分 a_{ij}，除了依据各场比赛结果的得分以外，还需考虑对手 T_j 的实力因素（强弱系数）。

二、得分矩阵构造及基于对手强弱系数权重的球队比赛排名分的计算

假设总共 N 支球队，分别为 T_1, T_2, $\cdots$, T_N，

每队的强弱系数为 x_1, x_2, $\cdots$, x_N, $0 < x_i < 1$，

各队的比赛得分为 y_1, y_2, $\cdots$, y_N, $y_i \geqslant 0$.

$$设\ X = \begin{bmatrix} x_1 \\ x_2 \\ \vdots \\ x_N \end{bmatrix}; \ A = \begin{bmatrix} a_{11} & a_{12} & \cdots & a_{1N} \\ a_{21} & a_{22} & \cdots & a_{2N} \\ \vdots & \vdots & & \vdots \\ a_{N1} & a_{N2} & \cdots & a_{NN} \end{bmatrix}; \ Y = \begin{bmatrix} y_1 \\ y_2 \\ \vdots \\ y_N \end{bmatrix}.$$

$A = (a_{ij})_{N \times N}$ 称为得分矩阵（$A \geqslant 0$），其中 a_{ij} 是球队 T_i 与球队 T_j 比赛的得分（可由初步排名方案中的该两队的总得分法或平均得分法计算）。

（1）球队 T_i 与球队 T_j 比赛的得分为 a_{ij}（总得分或者平均得分），则 $T_i \rightarrow T_j$ 比赛结合强弱系数权重的综合排名分为 $x_j \cdot a_{ij}$；

（2）球队 T_i 的比赛总得分为

$$y_i = x_1 a_{i1} + x_2 a_{i2} + x_3 a_{i3} + \cdots + x_N a_{iN}, \ i = 1, 2, \cdots, N.$$

（3）各球队比赛排名分写成矩阵形式 $Y = AX$，则有

$$
\begin{pmatrix} y_1 \\ y_2 \\ \vdots \\ y_N \end{pmatrix} = \begin{pmatrix} a_{11} & a_{12} & \cdots & a_{1N} \\ a_{21} & a_{22} & \cdots & a_{2N} \\ \vdots & \vdots & & \vdots \\ a_{N1} & a_{N2} & \cdots & a_{NN} \end{pmatrix} \begin{pmatrix} x_1 \\ x_2 \\ \vdots \\ x_N \end{pmatrix}.
$$

三、球队比赛得分排序的特征向量模型的建立

上述讨论中，Y 是球队的比赛得分向量，而 X 表示各球队的强弱系数向量，两者均体现各球队的实力，故两者应该成比例关系，即

$$
Y = \lambda X \quad \Rightarrow \quad AX = \lambda X.
$$

这样，无论确定了 X 或者 Y，都可以给出各球队的排名次序。由上述关系式 $AX = \lambda X$ 可知，λ 是 A 的特征值，X 是 A 的对应于特征值 λ 的特征向量。根据线性代数知识，当矩阵 $A_{N \times N}$ 已知时，可以求出其所有特征值以及各特征值所对应的特征向量，并由此得到各球队的强弱系数 X 或者排名得分 Y。

关于求解特征值、特征向量，上述讨论过程中有两个困难待解决：

（1）当球队数量 N 较多时，求 A 的特征值、特征向量有一定困难且可能产生误差；

（2）各队的强弱系数 x_1，x_2，$\cdots$，$x_N (0 < x_i < 1)$ 组成的向量 X 是非负的实向量，而 A 的特征值、特征向量不唯一且可能为实数或复数，问题是，$A_{N \times N}$ 是否存在满足要求的特征向量 X？

【解模】 解决上述问题，需要使用如下 P-F 定理及其推论。

一、Perron-Frobenius 定理

不可分离的非负矩阵 $A_{n \times n}$ 一定存在一个正的特征值 r_0，它是特征方程的一个单根，其他特征值的模都不超过 r_0，且该"极大"特征值 r_0 对应一个坐标全为正数的特征向量。

二、P-F 定理的推论

设 $A_{n \times n}$ 是非负、不可分离的矩阵，λ 是其"极大"特征值，向量 $e = (1, 1, \cdots, 1)^T$，则极限

$$
X = \lim_{m \to \infty} \frac{A^m e}{\lambda^m}
$$

存在,且 X 就是矩阵 A 的对应于特征值 λ 的非负特征向量。

三、模型求解计算

(1) 不可分离矩阵(不可约矩阵)的含义。

A 是可分离矩阵 $\Leftrightarrow$ 通过行、列交换,可将 A 化成至少有两个对角块的准对角矩阵。

(2) 得分矩阵 A 必须是不可分离矩阵。

否则,若矩阵 A 可分离,则意味着 N 支球队可以分成若干小组(至少两组),球队之间的所有比赛仅在同一小组内进行,不同小组的球队之间没有进行比赛。由于没有比赛,显然不可能区分不同小组之间球队的实力,此时也就不可能依据比赛成绩确定球队的排序。所以,得分矩阵 A 必须是不可分离矩阵。

(3) 由于得分矩阵 A 非负且不可分离,则由 P-F 定理,得分矩阵 A 存在正的"极大"特征值 r_0,以及 r_0 所对应的正的特征向量 X。X 即可作为所求的球队排名向量。

(4) 一般来说,得分矩阵 A 的"极大"特征值 r_0 不易求得,根据 P-F 定理的推论,由表达式 $X = \lim\limits_{m \to \infty} \dfrac{A^m e}{r_0^{\,m}}$ 计算排名向量 X 也有难度。可通过下述近似算法求得排名向量 X。

1) $X_{(1)} = \left(\dfrac{1}{n},\ \dfrac{1}{n},\ \cdots,\ \dfrac{1}{n}\right)^{\mathrm{T}}$, $Y_{(1)} = AX_{(1)} = (y_1^1,\ y_2^1,\ \cdots,\ y_n^1)^{\mathrm{T}}$, $d_1 = \sum\limits_{i=1}^{n} y_i^1$;

2) $X_{(2)} = \dfrac{1}{d_1} Y_{(1)}$, $Y_{(2)} = AX_{(2)} = (y_i^2)_{n \times 1}$, $d_2 = \sum\limits_{i=1}^{n} y_i^2$;

3) $X_{(m+1)} = \dfrac{1}{d_m} Y_{(m)}$, $Y_{(m+1)} = AX_{(m+1)} = (y_i^{m+1})_{n \times 1}$, $d_{m+1} = \sum\limits_{i=1}^{n} y_i^{m+1}$;

4) $\dfrac{A^m e}{\lambda^m} \approx X_{(m+1)}$, $\lim\limits_{m \to \infty} X_{(m)} = X$;

5) 对于给定的允许误差 ε,当 $X_{(m+1)} - X_{(m)}$ 各分量的绝对值小于 ε 时,取 $X = X_{(m)}$ 即可。

计算实例　为计算简单起见,从 12 支足球队中选取其中的 5 支足球队 T_2, T_3, T_4, T_5, T_7 相互之间的比赛成绩为例,按照特征向量方法确定这 5 支球队的排名次序,并将所得结论与初步排名方案中的平均得分法确定的排名次序做比较。

表 4-11 5 支球队的比赛结果

	T_2	T_3	T_4	T_5	T_7
T_2	无	2:0 0:1 1:3	0:0 2:0 0:0	1:1	1:1 1:1
T_3	0:2 1:0 3:1	无	4:2 1:1 0:0	2:1	1:0 1:4
T_4	0:0 0:2 0:0	2:4 1:1 0:0	无	2:3	0:5 2:3
T_5	1:1	1:2	3:2	无	无
T_7	1:1 1:1	0:1 4:1	5:0 3:2	无	无

(1) 首先计算出竞赛得分矩阵 $A=(a_{ij})_{5\times5}$ 如下(其中 a_{ij} 由两队平均得分法得到):

$$
A = \begin{pmatrix}
0 & 1 & \dfrac{5}{3} & 1 & 1 \\[2mm]
2 & 0 & \dfrac{5}{3} & 3 & \dfrac{3}{2} \\[2mm]
\dfrac{2}{3} & \dfrac{2}{3} & 0 & 0 & 0 \\[2mm]
1 & 0 & 3 & 0 & 0 \\[2mm]
1 & \dfrac{3}{2} & 3 & 0 & 0
\end{pmatrix}
$$

(2) 按照 P-F 定理导出的近似算法计算这 5 支球队的排名次序。

根据 P-F 定理,直接由表达式 $X = \lim\limits_{m\to\infty} \dfrac{A^m e}{r_0^{\,m}}$ 计算排名向量 X 有难度。

通过前面所述的近似算法,我们可由 MATLAB 程序求得排名向量 X 为

$$X = (0.212\,8,\ 0.329\,0,\ 0.090\,7,\ 0.121\,8,\ 0.245\,7)^{\mathrm{T}},$$

由此得到 5 支球队的排名次序为:$C = (T_3,\ T_7,\ T_2,\ T_5,\ T_4)$。

算法的 MATLAB 程序为

```
clear
clc

A=[0 1 5/3 1 1;
   2 0 5/3 3 3/2;
   2/3 2/3 0 0 0;
   1 0 3 0 0;
   1 3/2 3 0 0];

n = 5;
N = 100;
x = zeros(n,N);
y = zeros(n,N);
d = zeros(N,1);

dfepsilon = 1d-5;

x(:,1) =  ones(n,1)./n;
y(:,1) = A*x(:,1);
d(1) = sum(y(:,1));
for i=2:N
    x(:,i) = y(:,i-1)/d(i-1);
    y(:,i) = A*x(:,i);
    d(i) = sum(y(:,i));
    if (norm(x(:,i)-x(:,i-1),'inf') < dfepsilon)
        break;
    end
end
fprintf('X = \n');
disp(x(:,i));
% disp(y(:,i));
% disp(d(i));
```

图 4-16

（3）比较：按照平均得分法确定各队比赛总平均得分如下表 4-12。

表 4-12　按平均得分法确定各队比赛总平均得分

队号	T_2	T_3	T_4	T_5	T_7
总平均得分	4.67	8.17	1.33	4	5.5

由此得到各队排名次序：$C=(T_3,T_7,T_2,T_5,T_4)$。

可以看出，此时碰巧得到的排名次序与特征向量方法得到的排名次序完全一样。一般来说，由特征向量法得到的排名更合理。

四、特征向量方法的进一步讨论

1. 前述方法中，N 支球队的得分矩阵 $A_{N×N}$ 可由平均得分法（或者总得分法）构造，除此之外，人们在实际应用中还常用如下的水平比矩阵法构造得分矩阵 A：

117

$$A =(b_{ij})_{n\times n},\ b_{ii}=1,\ b_{ij}=\frac{a_{ij}+k}{a_{ji}+k},\ b_{ji}=\frac{1}{b_{ij}},$$

其中 a_{ij} 通常取球队 T_i 对阵 T_j 比赛的平均得分，k 是正常数（可由比赛确定），b_{ij} 的代表两球队 T_i、T_j 的水平之比。

2. 无论用特征向量法或者用水平比矩阵法构造得分矩阵 $A_{N\times N}$，都必须计算球队 T_i 对球队 T_j 的比赛得分 a_{ij}：

（1）首先可取 $a_{ii}=1$；

（2）如果球队 T_i 与球队 T_j 有比赛，则不难计算比赛得分 a_{ij}；

（3）若球队 T_i 与球队 T_j 没有比赛，则可取 $a_{ij}=0$，或者用传递法，由循环比赛结果来推测 a_{ij} 的值。

比如，由 12 支球队的竞赛成绩表，采用平均得分法计算得分矩阵 $A_{12\times 12}$ 如下，其中球队 T_i 与球队 T_j 之间没有比赛时取 $a_{ij}=0$。

$$A_{12\times12}=\begin{pmatrix}
1 & \frac{4}{3} & \frac{4}{3} & 3 & 3 & 3 & 0 & \frac{3}{2} & 3 & 1 & 0 & 0 \\[4pt]
\frac{4}{3} & 1 & 1 & \frac{5}{3} & 1 & 3 & 1 & 1 & 2 & \frac{1}{2} & 0 & 0 \\[4pt]
\frac{4}{3} & 2 & 1 & \frac{5}{3} & 3 & 3 & \frac{3}{2} & \frac{3}{2} & \frac{3}{2} & \frac{3}{2} & 0 & 0 \\[4pt]
0 & \frac{2}{3} & \frac{2}{3} & 1 & 0 & 0 & 0 & \frac{3}{2} & \frac{1}{2} & \frac{1}{2} & 0 & 0 \\[4pt]
0 & 1 & 0 & 3 & 1 & 0 & 0 & 0 & 0 & 0 & \frac{3}{2} & \frac{1}{2} \\[4pt]
0 & 0 & 0 & 3 & 3 & 1 & 0 & 0 & 0 & 0 & 0 & 1 \\[4pt]
3 & 1 & \frac{3}{2} & 3 & 0 & 0 & 1 & \frac{7}{3} & \frac{7}{3} & \frac{7}{3} & 3 & 3 \\[4pt]
\frac{3}{2} & 1 & \frac{3}{2} & \frac{3}{2} & 0 & 0 & \frac{1}{3} & 1 & 1 & \frac{4}{3} & 3 & 1 \\[4pt]
0 & \frac{1}{2} & \frac{3}{2} & 2 & 0 & 0 & \frac{1}{3} & 2 & 1 & \frac{7}{3} & 3 & 3 \\[4pt]
1 & 2 & \frac{3}{2} & 2 & 0 & 0 & \frac{1}{3} & \frac{4}{3} & \frac{1}{3} & 1 & 3 & 3 \\[4pt]
0 & 0 & 0 & 0 & \frac{3}{2} & 0 & 0 & 0 & 0 & 0 & 1 & \frac{1}{2} \\[4pt]
0 & 0 & 0 & 0 & 2 & 1 & 0 & 1 & 0 & 0 & 2 & 1
\end{pmatrix}$$

3. 模拟检验

事先设定 12 支球队的强弱系数,按照独立同分布(正态分布)的条件,随机产生一张比赛成绩表,由比赛成绩表及模型所给的排序方法计算球队的排序;将计算所得各球队的排序结果(包括总得分法、平均得分法、特征向量法)与事先设定的各球队的强弱排序作比较,看看各个排序结果的差异(读者不妨一试)。

这样的方法可以用到很多排名的地方,例如网络排名等。

我们常用网页搜索引擎来搜索信息。很多搜索引擎对搜索得到的网页都是按照一定的次序排出先后然后再返回给用户的。那么,这些网页是如何被排名的呢? 下面我们介绍排名的基本原理。

假设有一个小型的网络,存在着一定量的网页,它们相互联系。网页中都有链接相互指向,这才使得我们点击一个链接时可以看到另外一个网页。要对网页进行排序,我们首先假设网页有着它内在的质量(或者重要性,或者对于搜索用户的相关程度),若网页的总数有 N,记质量参数的值为 x_i, $i = 1$, 2,…, N。

我们把网页中的链接看成一种投票,例如,网页 A 中有某一个链接指向了网页 B,我们说网页 A 对网页 B 投了一票。可以从如下角度理解这个问题:一个优质的网页有很大可能不愿意链接一个较差的网页;反之,一个不是很好的网页却经常要链接一些重要的网页。记矩阵 $A = (a_{ij})$,每个 a_{ij} 记录了网页 j 有没有指向网页 i,若有 $a_{ij} = 1$,否则 $a_{ij} = 0$。一个优质的网页链接的也应该是优质的网页,即若有两个不同网页,都接受了相同个数网页的链接,这些指向这两个网页的页面质量就可以用来区别它们的重要性。这样,对于一个特定网页 i,它的优质程度就是

$$y_i = a_{i1}x_1 + a_{i2}x_2 + \cdots + a_{iN}x_N.$$

既然 y_i 和 x_i 一样记录了网页 i 的质量,应该有 $y_i = \lambda x_i$。把上式写成矩阵形式就是 $y = \lambda x = Ax$。换言之,x 是矩阵 A 的分量全为非负实数的一个特征向量。我们要求的就是这个特征向量。

按照 P-F 定理,可以用幂法或者 Matlab 中的 eig 命令来计算这个特征值以及特征向量。定理中的不可约是指,不可以通过行列相同的调换使之变为分块对角矩阵;非负矩阵是指,它的所有元素都是非负数。

上述模型中的分析有一个缺点,即一个网页若有许多链接,则它就投出了很多票,这样一些没有实质内容却有着许多链接的网页是非常重要的。所以

我们要像一个真正的民主投票一样，限定每个网页只能投一票。若网页 A 中有两个链接分别指向网页 B 和 C，则说 A 分别向 B 和 C 投了 $\frac{1}{2}$ 票。记矩阵 $B=(b_{ij})$，$b_{ij}=\dfrac{a_{ij}}{p_i}$，$p_i$ 是矩阵 A 第 i 行非零元的个数，由于矩阵 A 的元素全为 1 或 0，它也就是矩阵 A 的行和。因此矩阵 B 的行和总为 1，也就是每个网页的投票数。把矩阵 B 替换进幂法或者 Perron‐Frobenius 定理可以得到类似的结论。

当然，真正的网页排名模型还要考虑相关性。此外，真实世界里网页的数量是巨大的，且链接关系是动态的，这些都需要更加高效的算法以及更多其他的技巧。

【思考题】

1. 试分析模型中得分向量 Y 与强弱系数向量 X 成比例关系的合理性。

2. 根据 12 支球队的比赛成绩表，请先选择一种方法计算得分矩阵 $A_{12\times 12}$，再由 P‐F 定理的推论给出近似计算方法确定 12 支球队的排名向量 X 以及各球队的排名次序。

3. 请对模拟检验方法做一些尝试。

4.6　习题

1. 居民区 A 有 $N=3\,280$ 人，计划建立一个老人中心，经验公式说投资数为 $320+10\sqrt{N}$ 万元。已知另有附近人数分别为 2 560 人和 1 345 人的居民区 B 和 C 也有意建老人中心。于是，三个居民区有意合作投资一个老人中心。请问合作后老人中心的投资应是多少？比各自建老人中心省多少？用适当的数学模型写出三家合作投资各居民区应承担的费用。

2. 某市议会总共有 49 席议员，N 党占了 7 席，D 党占了 18 席，执政党 K 党占了 24 席，只要这三党中的任何两党结盟，就可以取得议长的席位。请您将这事件以一个简单的数学函数表示出来，再利用这个数学函数来讨论在不考虑意识形态下，各党如何结盟对市民最有利？

3. 甲有一块土地，若从事农业生产，可收入 100；若将土地租给乙用于工业生产，可收入 200；若租给丙用于旅游业，可收入 300；如果丙与乙联营，则可收入 400。为促成最高收入的实现，甲、乙、丙按各自对合作的贡献，分享获利 400。请问如何分配获利？

4. 两个人分割一个物品(如蛋糕),但又都担心分割结果自己吃亏,他们可以采用如下方法。由一个人分割,但是由另外一个人从分得的两份中首先挑选。分析这个过程,并设想一个多个人分割的过程,使所有的人都不吃亏。

5. 假设人与人之间认识是相互的。证明任意 9 个人中,一定有 3 个人相互都认识,或者 4 个人相互都不认识。

6. 试用层次分析法建立一个高校实力综合排名模型。显然,一个高校的实力是由多方面组成的,包括科研教学、经济实力、设备、环境、生源等因素,每一种因素下又有各种指标。请建立一个模型,并对排名方法给出自己的见解。

7. 现在有很多高校都在进行自主招生。你认为好学生的评判应包含什么因素? 它们的相对重要性如何? 如何考察这些因素?

8. 假设要在校园里设立 3 个还书点,你只需把书还到该点,图书馆派人每天定时来取。你认为应该设在什么地点?

9. 甲、乙两个人玩"捉乌龟"游戏。先将 54 张扑克牌藏起一张,于是剩下的有一张没有对子,它叫作"乌龟"。再将牌发给两人,每人将手中的对子都抛出来,如何判断"乌龟"在谁的手中?

10. 最少需要几种颜色可染中国地图,使邻省不同色?

11. 某个项目,一个老板加一个工程师,可以赚到 3 万元。这两个角色是不可或缺的。少任何一个人,都赚不到钱。在这两人的基础上,雇佣一个工人,可以提高 3 万元的利润,雇佣两个工人,可以再提高 3 万元的利润。加第三个或更多工人则不能再增加利润了。那么这四个人在一起赚到了 9 万元。怎么分配,才是最公平的?

12. 大学生辩论赛的规则是,一组大学赛队两两竞赛,每对选手抽签不同议题赛两场,两场中分别充当正方和反方。最后得分采取专家、听众和网络打分制。根据结果制定一个竞赛排名方法。

13. 根据表 4-8 的 12 个球队的比赛结果,用特征向量法进行排名计算。

第5章
微分方程模型

　　微积分的方法能够描述事物的变化状态,所以反映变化规律的关系式一般可以表示成一个或一组微分方程。由于我们的世界是一个变化的世界,用数学建模的方法研究这个世界,自然,微分方程的方法会被大量地应用。

　　微分方程的研究是一个很大也很深的领域,有大量深刻的研究成果。在建模中,微分方程的方法主要用于两个方面:第一,通过研究事物的变化规律,列出研究对象所满足的微分方程及其边界或(和)初值条件,然后通过求解或对解的定性研究来解模。第二,已知研究对象所满足的一般微分方程,但不确定其中的参数。通过实际数据,用统计的方法来确定系数,并进一步通过精确或数值的方法来求解,从而得到一般规律。有时,这个过程也被称为求解反问题。

　　微分方程一般分为常微分方程和偏微分方程。简单说,单个自变量的方程是前者,反之是后者。在建模竞赛题中,遇到的微分方程模型大都比较简单,阶数一般不会超过二阶,并且通过简化后问题可归结为一个线性问题。像只与时间有关的问题如反应问题、繁殖问题通常是常微分方程,而还和空间有关问题像扩散问题、传导问题、流体问题、波动问题等都可归结为用偏微分方程刻画的问题。如果我们讨论的对象超过一个,则问题会用方程组来表述。

　　如果我们讨论的对象是一个变化的事物,并且其变化率和其他量有一定的关系,找出这个关系的过程可考虑建立微分方程。

　　用微分方程建模是一个极富挑战的过程,这要求我们对我们所研究的对象的变化规律有深刻的理解,也要求我们对其有合理的简化假设。但一般的考虑,是从微积分的思想入手,将其变化分成许多小段,对每一小段进行"固化",然后讨论这个固化段上研究对象所依赖的量。我们来看一个简单的例子。

【**问题 5 - 1**】　悬挂着的水箱里的水多长时间流完?

【**分析**】　水从水箱里流出,由于重力的原因,开始时水流较快,随着水越来越少,流出速度也越来越小,流速是个变化过程,那么这个流速是怎么变的?多长时间水箱里的水可以流完? 17 世纪意大利流体力学的奠基者托里拆利(Evangelista Torricelli, 1608—1647)给出了一个射流定律:水箱里流出水的速度与水面高度的平方根成正比。根据这个定律,我们来建数学模型。

【**建模**】　如图 5 - 1 所示,设 $h(t)$ 和 $c(t)$ 分别表示时刻 t 水箱中水的高度和体积,在高度 h 处,水箱的横截面为 $A(h)$,水从水箱底部的一个面积为 a 的小孔流出,g 是重力加速度。根据托里拆利定律,

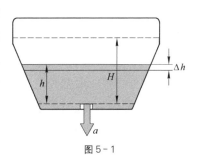

$$\frac{\mathrm{d}c}{\mathrm{d}t} = -a\sqrt{2gh}.$$

图 5-1

考虑一个很小的时间段 Δt,在这个时间段里,假定水的流速不变,水箱的水位下降了 Δh,而水箱里水的高度和截面看成不变,则水的体积变化了 Δc。 由托里拆利定律,这个变化等于 $-a\sqrt{2gh}\,\Delta t$,所以

$$-a\sqrt{2gh}\,\Delta t = \Delta c = c(t+\Delta t) - c(t) = A(h)\Delta h.$$

令 $\Delta t \to 0$,则得到一个关于水面高度 h 的微分方程:

$$\frac{\mathrm{d}h}{\mathrm{d}t} = -\frac{a}{A(h)}\sqrt{2gh}.$$

如果水面的初始高度为 H,我们又可以得到方程的初始条件:

$$h(0) = H.$$

这样,我们建立了一个数学模型刻画水箱中水位变化的规律:当 $t=T$ 时,$h(T)=0$,则 T 就是水流完的时间。

【**解模**】　如果知道了水箱的形状,就可以解出方程。例如,如果水箱是半径为 1 m 的直立圆柱形,即 $A(h)=\pi$ m^2,小孔面积为 0.01 m^2,取 $g=9.8$ m/s^2,容易解得 $h = (\sqrt{H}-0.007t)^2$ m,所以水箱流完水的时间是 $t = 142\sqrt{H}$ s。 这里 H 是高度参数。

【思考】 读者可以计算当水箱是半径为 R 的球体，小孔是半径为 r 的圆时，充满水的水箱流完水所需的时间。

如果直立圆柱形水箱用于消防，要求 10 s 内水的压强至少为 103 449 Pa，则水箱应该设计成多高？

从这个例子可以看出，对于一个变化过程的规律已知的前提下，用微分方程的方法建模可以精确地刻画出这个规律。对于其他问题，具体问题需要具体分析，需要请教了解所讨论问题的专家，学习人们已经掌握的这方面的规律（包括经验公式）。读者可以通过对大量实际问题的讨论、学习和研究过程中，提高这方面的能力。

列出了微分方程，给出了定界问题，就可以求解了。常系数线性标准的一阶、二阶微分方程一般都是可求解的。但一般的微分方程可以得到显式解（即可以写出解的表达式）的类型少之又少。这是微分方程一个困难之处，但我们可以通过计算机得到数值解。

求解的方法是多种多样的，我们列出了一些参考书，有兴趣的读者可以查找这些参考书（如参考文献[5.1]~[5.3]），寻找适合自己的模型求解方法。

5.1 差分方程——斐波那契兔子与特拉法尔加战役

意大利数学家列奥纳多，外号斐波那契（Leonardo Pisano，Fibonacci，1170—1250）(图 5 - 2)曾提出这样一个问题：他养着一种神奇的兔子，这种兔子一个月后长大，再过一个月就会产下一只小兔，如果兔子都不死亡，一年后他有多少只兔子？

记第 n 个月的兔子个数为 F_n，我们可作如下分析：第 $n-1$ 个月的兔子数为 F_{n-1}，第 n 个月的兔子中，有 F_{n-1} 只是成熟的能下仔的兔子，剩下的 $F_n - F_{n-1}$ 只是新生的兔子，因此到了第 $n+1$ 个月，能产下 F_{n-1} 只小兔，这个月兔子总数为 $F_{n+1} = F_n + F_{n-1}$。结合前面的前提，我们得到如下递推数列：

兔子也会黄金分割哟！

图 5 - 2

$$F_1 = F_2 = 1, \ F_{n+1} = F_n + F_{n-1}, \ n \geqslant 2.$$

该数列称为 Fibonacci 数列,它的前几项为 1,1,2,3,5,8,13,21,34,55,89,144。因此一年后兔子数是 144 只。

一般地,递推数列 a_n 常有如下形式:

$$a_{n+k} = \alpha_1 a_{n+k-1} + \alpha_2 a_{n+k-2} + \cdots + \alpha_k a_n + b_n,$$

其中,a_1,a_2,$\cdots$,a_k 给定,b_n 只与 n 有关,α_i 是已知常量。上述方程称为线性差分方程,给定的初始值称为初始条件。线性差分方程有如下通解:

若方程 $x^k - \alpha_1 x^{k-1} - \alpha_2 x^{k-2} - \cdots - \alpha_{k-1} x - \alpha_k = 0$ 有根 x_1,x_2,$\cdots$,x_k,若这些根都为单根,则通解 $a_n = \sum_{p=1}^{k} c_p x_p^n + \phi(n)$,其中 $\phi(n)$ 是满足差分方程的一个特解,系数 c_p 由初始条件确定。若有某个根是重根,不妨设为 x_1,重数为 m,则 a_n 表达式中含有项 $\omega_{m-1}(n) x_1^n$,其中 $\omega_{m-1}(n)$ 是一个待定的 n 的 $m-1$ 次多项式。这个确定根 x_i 的方程称为差分方程的特征方程。

由于方程 $F_{n+1} = F_n + F_{n-1}$ 的特征方程为 $x^2 - x - 1 = 0$,其根为 $x_1 = \dfrac{1+\sqrt{5}}{2}$,$x_2 = \dfrac{1-\sqrt{5}}{2}$。因此通解为 $F_n = C_1 \left(\dfrac{1+\sqrt{5}}{2} \right)^n + C_2 \left(\dfrac{1-\sqrt{5}}{2} \right)^n$。

由 $F_1 = F_2 = 1$,可得 $C_1 = -C_2 = \dfrac{1}{\sqrt{5}}$。所以 $F_n = \dfrac{1}{\sqrt{5}} \left[\left(\dfrac{1+\sqrt{5}}{2} \right)^n - \left(\dfrac{1-\sqrt{5}}{2} \right)^n \right]$,而 $\dfrac{F_n}{F_{n-1}}$ 趋于黄金分割数。

下面我们给出一个例子说明差分方程的应用。假设一个生态群落有两个物种,比如田鼠和猫头鹰,它们在第 n 个月的数量分别为 x_n 和 y_n。假定两个物种有自己固定的繁殖率(扣除了自然死亡率之后),田鼠为 α_1,猫头鹰为 α_2。我们知道,猫头鹰越多,田鼠减少越快,而田鼠数量减少意味着猫头鹰食物减少,其种群数量增加放缓,则我们有如下差分方程组:

$$\begin{cases} x_{n+1} = \alpha_1 x_n - c_1 y_n, \\ y_{n+1} = \alpha_2 y_n + c_2 x_n, \end{cases}$$

其中,c_1,c_2 是上述分析中两物种相互影响的系数。令 $z_n = (x_n, \ y_n)^T$,矩阵 $A = \begin{bmatrix} \alpha_1 & -c_1 \\ c_2 & \alpha_2 \end{bmatrix}$,则有 $z_{n+1} = A z_n$。如若能估计矩阵 A 中各参数的值,给定初

始的 z_1 后就可以通过迭代算得任何时刻两个种群的数量。

【问题 5-2】 特拉法尔加战役

特拉法尔加战役(Battle of Trafalgar)是 1805 年拿破仑战争中英国和法国-西班牙联军的一次重要海战。双方舰队在西班牙特拉法尔加外海面激战，双方参战舰只分别为 27 艘和 33 艘，英方处于劣势。然而战斗结果法方主帅维尔纳夫(S. de Villeneuve)和 21 艘战舰被俘。英军主帅纳尔逊(H. Nelson)中将虽在战斗中阵亡，但英方战舰很少损失。此役之后法国海军精锐尽丧并且一蹶不振，拿破仑被迫放弃进攻英国本土的计划。而英国海上霸主的地位得以巩固。

我们来看看纳尔逊是如何指挥战斗、以少胜多的。一般来说，在战力相当的情况下，战役的一个回合每方损失的战舰是对方战舰的十分之一（包括被俘）。分数表示战舰受损未毁，仍有部分战斗力。

【假设】 分别用 B_n, F_n 表示第 n 次遭遇战后英方和法方所剩的有战斗力的战舰数。

【建模】 由一般规律，它们满足：

图 5-3

$$\begin{cases} B_{n+1}=B_n-aF_n, & B_0 \text{已知}, \\ F_{n+1}=F_n-aB_n, & F_0 \text{已知}. \end{cases}$$

这里 $0<a<1$ 称为战斗减员率，B_0, $F_0>0$ 为初值。

【解模】 容易从方程组中得到迭代递推式：

$$\begin{cases} B_{n+1}-2B_n+(1-a^2)B_{n-1}=0, & B_0 \text{已知}, B_1=B_0-aF_0, \\ F_{n+1}-2F_n+(1-a^2)F_{n-1}=0, & F_0 \text{已知}, F_1=F_0-aB_0. \end{cases}$$

B_n, F_n 满足的差分方程一样，但初值不一样，试 $Y_n=A^n$，代入方程，我们得到一个一元二次方程

$$A^2-2A+(1-a^2)=0.$$

解得 A 的两个根 $1\pm a$，即通解 $Y_n=C_1(1-a)^n+C_2(1+a)^n$，这里 C_1, C_2 是任意常数。然后将初值代入，可求出 C_1, C_2。例如在特拉法尔加战役中英

方和法方的初始参战战舰分别是 27 和 33,所以 $B_0 = 27$,$F_0 = 33$,$B_1 = 27 - 33a$,$F_1 = 33 - 27a$,于是有:

$$B_n = 30(1-a)^n - 3(1+a)^n,$$
$$F_n = 30(1-a)^n + 3(1+a)^n.$$

根据这个公式,如果取战斗减员率 $a = 0.1$,可以求出 $B_n = 0$ 时,

$$n = \frac{1}{\log 1.1 - \log 0.9} \approx 11.47,$$

即 11 回合后,英军基本全军覆没,而法军还剩

$$F_{11} = 30 \times 0.9^{11} + 3 \times 1.1^{11} \approx 17.97$$

艘战舰。下表 5-1 就是通过公式计算出的每回合后双方剩下的战舰。

表 5-1 通过计算得出双方每回合后双方剩下的战舰

回　合	英　方	法　方
0	27	33
1	23.7	30.3
2	20.67	27.93
3	17.877	25.863
4	15.290 7	24.075 3
5	12.883 17	22.546 23
6	10.628 55	21.257 91
7	8.502 76	20.195 06
8	6.483 25	19.344 78
9	4.548 77	18.696 46
10	2.679 13	18.241 58
11	0.854 97	17.973 67
12	−0.942 4	17.888 17

　　然而会打仗的纳尔逊是这样对付法军的。他探知法军的军舰分为 A、B、C 3 个战斗编组,每组分别有 3、17 和 13 艘舰,于是他采取集中优势兵力各个击破的战略战术。将战役分为 3 个阶段,第一阶段以英方 13 艘战舰攻击法方 A

组,此时初值变为 $B_0^1=13$, $F_0^1=3$, $B_1^1=13-3a$, $F_1^1=3-13a$,于是每回合剩余战力的公式变为

$$B_n^1=8(1-a)^n+5(1+a)^n,$$
$$F_n^1=8(1-a)^n-5(1+a)^n.$$

此时,第二回合后 A 组的法军几乎全歼,而英军只损失了 1 艘军舰,如表 5-2。

表 5-2 调整后的公式计算结果

回　合	英　方	法　方
0	13	3
1	12.7	1.7
2	12.53	0.43
3	12.487	−0.823

第二阶段,英军全军出动,除了受创的 1 艘战舰,26 艘战舰攻击法军 B 组,此时初值为 $B_0^2=26$, $F_0^2=17$, $B_1^2=26-17a$, $F_1^2=17-26a$,剩余战力公式为

$$B_n^2=21.5(1-a)^n+4.5(1+a)^n,$$
$$F_n^2=21.5(1-a)^n-4.5(1+a)^n.$$

每回合剩余战力如下表 5-3。

表 5-3 第二阶段不同初值的战斗力公式计算结果

回　合	英　方	法　方
0	26	17
1	24.3	14.4
2	22.86	11.97
3	21.663	9.684
4	20.694 6	7.517 7
5	19.942 83	5.448 24
6	19.398 01	3.453 957
7	19.052 61	1.514 156
8	18.901 19	−0.391 1

即第 7 回合后法军 B 组被消灭,而英军几乎还剩 19 艘战舰。在战役的第
三段,英军剩余的 19 艘战舰对付法军的 C 组,此时初值为 $B_0^3 = 19$, $F_0^3 = 13$,
$B_1^3 = 19 - 13a$, $F_1^3 = 13 - 19a$,剩余战力公式为:

$$B_n^3 = 16(1-a)^n + 3(1+a)^n,$$
$$F_n^3 = 16(1-a)^n - 3(1+a)^n.$$

具体数据如下表 5 - 4。

表 5 - 4　第三阶段的计算结果

回　　合	英　　方	法　　方
0	19	13
1	17.7	11.1
2	16.59	9.33
3	15.657	7.671
4	14.889 9	6.105 3
5	14.279 37	4.616 31
6	13.817 74	3.188 373
7	13.498 9	1.806 599
8	13.318 24	0.456 709
9	13.272 57	−0.875 12

可见,8 回合后英方大获全胜,最后,法军全军覆没,而英军大约还剩 13
艘战舰。当然,在实际战况中,法军中盘认输,没有参加战役的第三阶段,而
是撤回了 13 艘战舰。纳尔逊虽然战死海场,但他以少胜多的辉煌战绩使得
特拉法尔加战役成为经典战例,而差分方程的方法几乎完美地模拟复制了
战况。

【推广】　这个模型可以推广到如果交战双方为其他参数时的一些有意思
的情况。

1. 战斗减员率和初值都相等,分别为 a, J,这时每回合剩余兵力公式为

$$B_n = F_n = J(1-a)^n.$$

战斗双方同步减员,直至同归于尽。

2. 初值相同，皆为 J，而减员率分别为 a，b，则 n 回合后剩余兵力递推公式成为

$$\begin{cases} B_{n+1} - 2B_n + (1-b^2)B_{n-1} = 0, \ B_0 = J, \ B_1 = (1-b)J, \\ F_{n+1} - 2F_n + (1-a^2)F_{n-1} = 0, \ F_0 = J, \ F_1 = (1-a)J. \end{cases}$$

而上述方程的解，即剩余兵力公式为

$$B_n = J(1-b)^n,$$
$$F_n = J(1-a)^n.$$

在这种情况下，战斗减员率大的一方先被全歼，从而落败。

3. 初值和减员率皆不同。请读者进一步分析。

5.2 常微分方程——人口模型

人口问题一直是一个重要的经济和社会问题。人们应用数学模型来研究人口增长规律也由来已久。下面的数据表 5-5 反映了近几个世纪的全球人口增长情况。

表 5-5　全球人口数据

年份(年)	1625	1830	1930	1960	1974	1987	1999
人口(亿人)	5	10	20	30	40	50	60

从表中可以看出，全球人口每增加 10 亿人的时间，由一百多年缩短至十几年。这也就是说，人口增长的速度越来越快。然而，地球的资源是有限的，人口问题必将严重困扰世界经济的发展。认识人口数量变化的规律，建立合适的人口模型，做出准确的预报，是有效控制人口增长的前提。

我国地大物博、人口众多，经济的发展一直受制于人口压力，所以我们把计划生育作为基本国策。控制人口就要研究人口增长的数学模型。

讨论人口问题，就是研究人口增长率问题。这时，与变化率相关的函数、导数必将扮演重要角色。而变化率与其他因素的关系式就是一个微分方程。所以，人口问题用微分方程的工具来处理是自然的。研究人口问题，还有历年人口普查所积累的大量数据可以用，所以对这个问题还要处理实际数据，这样

处理数据的统计工具、拟合技巧等也起着重要的作用。

人数只取整数,然而,由于讨论的人口数目众多,而微分方程一般适用于连续函数,所以我们可以认为作为变量的人口数是连续的。

1. 模型 I:指数增长模型

1798 年,英国经济学家和社会学家马尔萨斯(Thomas Robert Malthus,1766—1834)(图 5 - 4)匿名发表了他影响深远并且备受争议的专著《人口原

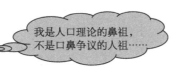

我是人口理论的鼻祖,不是口鼻争议的人祖……

图 5 - 4

理》。在这本专著中阐述了他在研究欧洲百余年的人口统计时的发现:单位时间内人口的增加量与当时人口总数是成正比的,并在此基础上他得出了人口按几何级数增加(或按指数增长)的结论。这就是著名的人口指数模型。

下面我们从他的观点出发,来建立人口的指数增长模型。

【假定】

(1) 人口的增长率是常数 k,或者说,单位时间内人口的增长量与当时的人口数成正比,比例系数为 k。

(2) 以 $N(t)$ 表示第 t 年时的人口数,由于人口数庞大,可近似将 $N(t)$ 视为连续可微函数。在初始时刻,即 $t = 0$ 时,人口数为 N_0。

【建模】　如上解释,我们用增量分析的方法来建立其微分方程模型。由模型的基本假定(1),下列关系式成立:

$$\frac{N(t + \Delta t) - N(t)}{\Delta t} = kN(t).$$

当 $\Delta t \to 0$ 时,由上式得到一个常微分方程:

$$\frac{\mathrm{d}N(t)}{\mathrm{d}t} = kN(t),$$

其初值条件为 $N(0) = N_0$。 这个方程称为马尔萨斯人口发展方程。

【解模】　这是一个一阶线性常微分方程,不难解出,这个方程初值问题的

解为

$$N(t) = N_0 e^{kt}.$$

【分析】 这个模型中有两个参数：k 和 N_0。估计这两个参数可以根据人口的历史实际数据进行拟合。为此，令 $M(t) = \log N(t)$，则 $M(t) = \log N_0 + kt$。这样可以用第 1 章介绍的方法由数据对 k，$\log N_0$ 进行线性拟合。

马尔萨斯的模型较好地吻合了他那个时代的数据。他认为，他的模型适用于自然资源丰富充足，没有战争，生活无忧无虑的社会，如当时的美国。

那么，我们用表 5-6 中美国的人口数据来拟合模型参数。

表 5-6　美国人口历史数据

年份（年）	1790	1800	1810	1820	1830	1840
人口（百万人）	3.9	5.3	7.2	9.6	12.9	17.1
年份（年）	1850	1860	1870	1880	1890	1900
人口（百万人）	23.2	31.4	38.6	50.2	62.9	76.0

【检验】 模型的解告诉我们，人口将按一个指数函数无穷增长。那么，这个结果是不是符合实际情况呢？可不可以用它来预告未来人口呢？

人们以美国人口为例，用马尔萨斯模型计算结果与现代的人口资料比较，却发现有很大的差异。从图 5-5 中看出，模型数据与实际数据在后部已分道扬镳，越来越远。

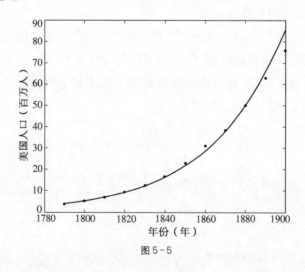

图 5-5

特别是在用此模型预测较遥远的未来地球人口总数时，发现更令人不可思议的结果。如按此模型计算,到 2670 年,地球上将有 36 000 亿人的人口。如果地球表面全是陆地(事实上,地球表面还有 80% 被水覆盖),我们也只得互相踩着肩膀站成两层了。这个结果非常荒谬,因此,这一模型应该修改。

2. 模型 II:阻滞增长模型

马尔萨斯指数模型对近代人口数据的符合越来越差,更谈不上能预测未来的人口。这是什么原因呢? 这是因为模型的某些假定没有考虑到发展的因素,已不再合理。这样,模型假定应该进行修正。如果当人口较少时,人口的自然增长率不受其他因素约束而可以看作常数的话,那么当人口增加到一定数量以后,这个增长率就要受到某种约束。事实上,地球上的资源是有限的,只能满足有限的人生活。随着人口的增加,自然资源、生活空间、环境条件等因素对人口增长的限制作用越来越明显。所以人口增长率应该随人口的增加而减小。因此,马尔萨斯模型中关于净增长率为常数的假定需要修改。

1838 年,比利时数学家韦尔侯斯特(Pierre-Francois Verhulst,1804—1849)引入常数 N_m,用来表示自然环境条件所能容许的最大人口数(这个数可能因国家和地区的不同而不同)。即净增长率随着 $N(t)$ 的增加而减小,并当 $N(t) \to N_m$ 时,人口增长率趋于零,按此假定建立人口预测模型。这就是著名的人口阻滞增长模型,也称为 Logistic 模型。

【假定】　人口增长率等于 $k\left(1 - \dfrac{N(t)}{N_m}\right)$;初始时刻人口数为 N_0。

【建模】　由韦尔侯斯特假定,马尔萨斯模型应改为

$$\begin{cases} \dfrac{\mathrm{d}N}{\mathrm{d}t} = k\left(1 - \dfrac{N}{N_m}\right)N, \\ N(0) = N_0. \end{cases}$$

【解模】　该方程可分离变量,其解为

$$N(t) = \frac{N_m}{1 + \left(\dfrac{N_m}{N_0} - 1\right)\mathrm{e}^{-kt}}.$$

【分析】　对这个模型可以进行一些简要分析:

(1) 当 $t \to \infty$,$N(t) \to N_m$ 时,即无论人口的初值如何,人口总数 $N(t)$ 不会超过 N_m,并趋向于极限值 N_m。

(2) 当 $0 < N < N_m$ 时,$\dfrac{\mathrm{d}N}{\mathrm{d}t} = k\left(1 - \dfrac{N}{N_m}\right)N > 0$,这说明 $N(t)$ 是时间

t 的单调递增函数。

（3）由于 $\dfrac{d^2N}{dt^2}=k^2\left(1-\dfrac{N}{N_m}\right)\left(1-\dfrac{2N}{N_m}\right)N$，所以当 $0<N<\dfrac{N_m}{2}$ 时，$\dfrac{d^2N}{dt^2}>0$，即 $\dfrac{dN}{dt}$ 单调递增；当 $\dfrac{N_m}{2}<N<N_m$ 时，$\dfrac{d^2N}{dt^2}<0$，即 $\dfrac{dN}{dt}$ 单调递减。人口增长率 $\dfrac{dN}{dt}$ 由增变减，在 $\dfrac{N_m}{2}$ 处最大，也就是说在人口总数达到极限值一半以前是加速增长期，过了这一点后，增长的速率逐渐变小，并趋于零，这段是减速增长期。

【检验】 如图 5-6 所示，用该模型检验美国 1790—1950 年的人口，发现模型计算的结果与实际人口在 1930 年以前都非常吻合，自从 1930 年以后，误差越来越大。一个明显的原因是在 20 世纪 60 年代美国的实际人口数已经突破了 20 世纪初所设的极限人口。由此可见该模型的缺点之一是 N_m 不易确定。事实上，随着一个国家经济的腾飞，它所拥有的食物就越丰富，N_m 的值也就越大。此值和经济、科技水平关系密切，也是个变量，要不断调整。

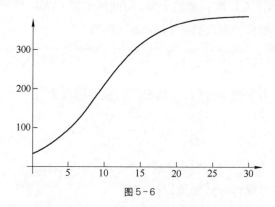

图 5-6

【应用】 用阻滞增长模型可以用来预测世界未来人口总数。例如，有生物学家估计，$k=0.029$，又当人口总数为 3.06×10^9 人时，人口增长年速率是 2%，由阻滞增长模型得

$$\frac{1}{N}\frac{dN}{dt}=r\left(1-\frac{N}{N_m}\right),$$

即

$$0.02=0.029\left(1-\frac{3.06\times10^9}{N_m}\right),$$

从而得 $N_m = 9.86 \times 10^9$，即世界人口总数极限值近 100 亿人。

3. 模型 III：人口发展模型

观察上面的模型，它们在一定程度上刻画了人口增长的规律，但没有考虑人口的一个重要因素——年龄。人口模型还有很多进一步的推广。我们在这里要介绍的是宋健人口发展模型(参考文献[5.6])。

【假定】　如图 5-7 所示，$p(r, t)$ 是人口年龄分布密度函数，其中 r 是年龄，t 是时间，$\mu(r, t)$ 是相对死亡率函数，$f(r, t)$ 是人口迁移率函数。

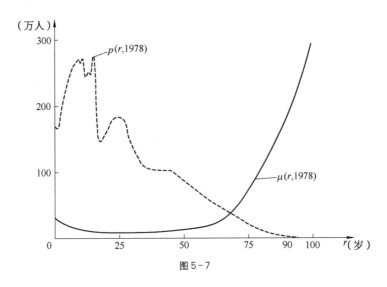

图 5-7

【建模】　在一个小的年龄段 Δr 内，人口数为 $p(r, t)\Delta r$。过了很小的时间段 Δt，人口数就变成了 $p(r + \Delta r', t + \Delta t)\Delta r$。而引起人口数变化的原因是迁移和死亡。所以下面的关系式成立：

$$p(r, t)\Delta r - p(r + \Delta r', t + \Delta t)\Delta r = \mu(r, t)p(r, t)\Delta r\Delta t - f(r, t)\Delta r\Delta t.$$

考虑到 $\Delta r'$ 和 Δt 有相同的量纲，作一个简单的变换，可以得到

$$\frac{p(r, t) - p(r + \Delta r', t)}{\Delta r'} + \frac{p(r + \Delta r', t) - p(r + \Delta r', t + \Delta t)}{\Delta t}$$
$$= \mu(r, t)p(r, t) - f(r, t).$$

令 $\Delta r'$，$\Delta t \to 0$，我们就得到一个一阶偏微分方程：

$$\frac{\partial p(r, t)}{\partial r} + \frac{\partial p(r, t)}{\partial t} = -\mu(r, t)p(r, t) + f(r, t).$$

要解方程,我们还需要初边值条件。易见,$r = 0$时,人口密度函数就是t时刻的相对出生率$\nu(t)$乘以当时的人口总数$N(t)$,而$t = 0$就是我们观察开始时某年龄段的人口密度$p_0(r)$,都可以由人口统计数据给出,所以,

$$p(r, 0) = p_0(r), \quad p(0, t) = \nu(t)N(t).$$

一般我们还要求一个相容性条件$p_0(0) = \nu(0)N(0)$。

【解模】 一般这个问题不容易得到解析解,可以通过数值方法去刻画。但如果死亡率函数不依赖于时间,而且迁移函数为0,我们可以通过特征线方法求得解:

$$p(r, t) = \begin{cases} p_0(r-t)e^{-\int_{r-t}^{t}\mu(\rho)d\rho}, & 0 \leqslant t \leqslant r, \\ \nu(r-t)N(r-t)e^{-\int_0^r\mu(\rho)d\rho}, & r \leqslant t. \end{cases}$$

【检验】 用中国1975年抽样调查统计数据作为上述方程的初边值条件,以1975—1978年国内平均死亡率作为右端系数,求解方程可得人口的预测数。然后拿这个预测数与1978年实际统计数据比较见表5-7。可见计算结果与统计数据四年累计误差不超过0.1%,而实际统计也会有0.2%的误差。所以预测误差和统计误差在同一个数量级上。换言之,模型的结果可达精度要求。

表5-7 中国人口历史数据

年份(年) 人口数(万人)	1975		1976		1977		1978	
	统计	预报	统计	预报	统计	预报	统计	预报
增加人口	1 438	1 440	1 178	1 180	1 138	1 137	1 147	1 146
人口总数	91 970	91 850	93 267	93 029	94 523	94 166	95 809	95 311

5.3 微分方程组 I——战争模型

本节讨论的战争模型是第一次世界大战期间,美国科学家兰切斯特(F. W. Lanchester,1868—1946)(图5-8)提出来的,是一个预测战争结局的数学模型,它的研究对象包括正规战争、游击战争和混合战争。

图 5-8

兰切斯特的战争模型并不复杂,用微分方程来刻画敌对双方兵力在对抗中的演变,从而推断出胜利或失败的条件。模型中摒除了战争中政治、人文和社会的因素,只考虑双方兵力的多少和战斗力的强弱,因此,这个模型的局限性是显而易见的。然而,恰恰由于其客观性,这个模型在计算机战争模拟和游戏制作中却有着广泛的应用。

【假定】

(1) $x(t)$ 和 $y(t)$ 表示甲、乙交战双方时刻 t 的兵力,不妨视为双方的士兵人数,是关于 t 连续光滑的函数。

(2) 各方的战斗减员率取决于双方的兵力和战斗力,分别用 $f(x, y)$ 和 $g(x, y)$ 表示。

(3) 各方的非战斗减员率(由疾病、逃跑等因素引起)与本方的兵力成正比,比例系数分别为正常数 α, β。

(4) 各方的增援率是给定的函数,用 $u(t)$ 和 $v(t)$ 表示。

【建模】　用上节使用过的增量分析方法,可以得到

$$\begin{cases} \dfrac{\mathrm{d}x}{\mathrm{d}t} = -f(x, y) - \alpha x + u(t), \\ \dfrac{\mathrm{d}y}{\mathrm{d}t} = -g(x, y) - \beta y + v(t). \end{cases}$$

这样,我们就有了一个一般的战争模型。下面我们对进一步的战争模型将这个模型进行细化。

1. 模型 Ⅰ:正规战争模型

正规战争意味着敌对双方都处于公开活动,某方士兵处于另一方每一个士兵的监视和杀伤范围内。一旦该方某个士兵被杀伤,另一方火力马上集中在该方其余士兵上,所以某方战斗减员率只与另一方的兵力有关。

于是,在一般模型的基本假定下,进一步假定:战斗减员率与另一方的兵力成正比,即

$$f(x, y) = ay, \quad g(x, y) = bx,$$

其中，a 表示乙方平均每个士兵对甲方士兵的杀伤率，反映了乙方的战斗力。a 可进一步分解为 $a = r_y p_y$，其中，r_y 是乙方的射击率，p_y 是射击的命中率。同理，$b = r_x p_x$。

如果进一步忽略非战斗减员，并且双方都没有增援，设双方的初始兵力分别为 x_0，y_0，这样，一般模型就转换成一个特殊的正规战争模型——常微分方程组的初值问题：

$$\begin{cases} \dfrac{\mathrm{d}x}{\mathrm{d}t} = -a\,y, & x(0) = x_0, \\[2mm] \dfrac{\mathrm{d}y}{\mathrm{d}t} = -b\,x, & y(0) = y_0. \end{cases}$$

【解模】 这个特殊问题固然可以解出，但我们更关心的是敌对双方的兵力相对的消减变化。这里我们介绍相轨法。

将上述方程组的两个方程相除一下，消去了时间变量，成功降维，得到了一方兵力关于另一方兵力的变化规律所满足的相轨线方程：

$$\frac{\mathrm{d}y}{\mathrm{d}x} = \frac{b\,x}{a\,y}.$$

解得

$$a\,y^2 - b\,x^2 = k,$$

这里，任意常数可由初值决定：

$$k = a\,y_0^2 - b\,x_0^2.$$

k 值的不同决定了一族双曲线。如图 5-9 所示，k 的值决定了轨线与哪个坐标轴相交，而相交的点说明了非坐标轴一方的兵力先为零，即非坐标轴一方输了战争。换句话说，k 的正负决定了战争的胜负。而 k 值由敌对双方的战斗力和初始兵力决定。这样，我们就可以推出甲方和乙方取胜的条件分别为 $k < 0$ 和 $k > 0$，即

$$\left(\frac{y_0}{x_0} \right)^2 < \frac{b}{a} = \frac{r_x p_x}{r_y p_y} \text{ 和 } \left(\frac{y_0}{x_0} \right)^2 > \frac{r_x p_x}{r_y p_y}.$$

这个模型也称为平方律模型。

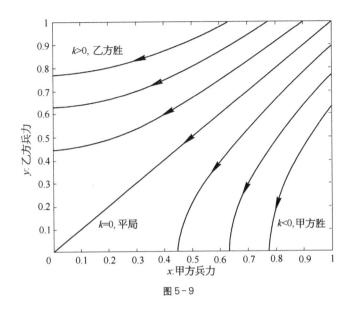

图 5-9

2. 模型 II：游击战争模型

游击战争指敌对双方在看不到的某个面积为 s_x 或 s_y 的隐蔽区域内活动，士兵只是向敌方活动的隐蔽区域射击，有效射击区域为 s_{rx} 或 s_{ry}，并且不知道杀伤情况。此时被攻击方的战斗减员率不仅与攻击方兵力有关，而且随着该方兵力的增加而增加。在有限区域内，士兵越多，被杀伤的就越多。

这样，在一般模型的假定下，进一步假定为

$$f(x,y) = cxy, \quad g(x,y) = dxy,$$

这里，$c = r_y p_y = r_y \dfrac{s_{ry}}{s_x}$，$d = r_x p_x = r_x \dfrac{s_{rx}}{s_y}$。

如前，忽略非战斗减员和增援，设双方的初始兵力分别为 x_0，y_0，这样，我们就得到一个特殊的游击战争模型——常微分方程组的初值问题：

$$\begin{cases} \dfrac{\mathrm{d}x}{\mathrm{d}t} = -cxy, & x(0) = x_0, \\[2mm] \dfrac{\mathrm{d}y}{\mathrm{d}t} = -dxy, & y(0) = y_0. \end{cases}$$

【解模】　应用相轨法，得相轨线方程：

$$\frac{\mathrm{d}y}{\mathrm{d}x} = \frac{d}{c}.$$

解得

$$cy - dx = m, \quad m = cy_0 - dx_0.$$

其轨线是直线族（图5-10），同时得到了甲方与乙方取胜的条件分别为

$$\frac{y_0}{x_0} > \frac{d}{c} = \frac{r_x s_{rx} s_x}{r_y s_{ry} s_y} \quad \text{和} \quad \frac{y_0}{x_0} > \frac{r_x s_{rx} s_x}{r_y s_{ry} s_y}.$$

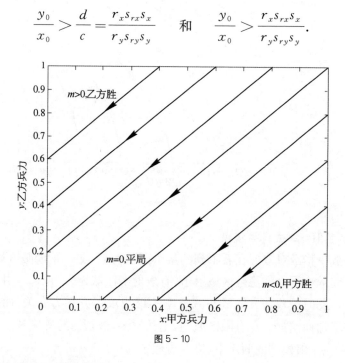

图5-10

这也称为线性率模型。

3. 模型 III：混合战争模型

混合战争模型考虑的是敌对双方，一方（不妨设为甲方）进行游击战，另一方（由前设为乙方）进行正规战的情形。同样忽略非战斗减员和增兵，综合上面的两个模型，我们容易写出其微分方程模型：

$$\begin{cases} \dfrac{dx}{dt} = -cxy, & x(0) = x_0, \\[2mm] \dfrac{dy}{dt} = -bx, & y(0) = y_0. \end{cases}$$

其解为

$$cy^2 - 2bx = n, \quad n = cy_0^2 - 2bx_0.$$

这次,相轨线为一族抛物线(图 5 - 11)。

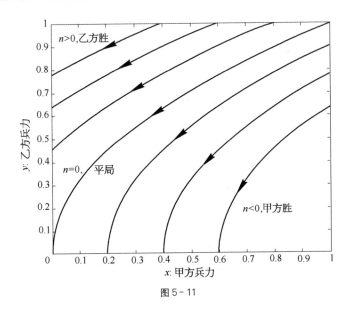

图 5 - 11

5.4　微分方程组 II——传染病模型

　　人类历史发展中,传染病的发生和蔓延常常造成生命的重大损失,同时带来恐慌、混乱等社会问题。例如,19 世纪天花在我国福建地区流行,病死率高达 50%。公元前 430 年到公元前 427 年,雅典鼠疫使其近一半人口消亡。1918—1919 年席卷全球的大流感造成了 2 000 万~5 000 万人丧生。随着人类医学水平和社会管理能力的不断提高,传统的烈性传染病大面积发生的案例越来越少。有些传染病如天花已被人们通过免疫的方式战胜。然而,细菌、病毒和寄生虫的潜伏,新病原体的产生和病毒的变异,使传染病的爆发和蔓延以及生化武器和恐怖袭击的阴影仍时时威胁着人们的现代生活。艾滋病、非典、禽流感和甲型 H1N1 的发生以及恐怖分子大规模杀伤性生化武器的情报就是例证。

　　应对传染病主要是控制传染病的蔓延和治疗传染病病人。如果说后者是个医学问题,那么前者就是一个社会问题。要控制传染病的蔓延,就首先要了解传染病是如何蔓延的,或者说得病者人数是如何变化的,何时病人的增加率最大。有了这些认识,人们才能对症下药,采取适当的应对措施,用最有效的方式控制传染病的蔓延。其中,用数学模型刻画传染病的蔓延过程就是回答这些问题的重要步骤(图5-12)。

图 5-12

传染病传染过程研究有着悠久的历史,其数学模型的建立、发展和改善和人口模型一样有一个过程。最早的传染病模型用来评估种痘效果天花模型,以后众多学者不懈努力进行不断修正。下面,我们通过四个模型看一看这个进化过程。这些模型都是研究传染病传染过程的,都是基于一个基本传染机制,即假定病人是通过与他人接触而将病原体传染给他人的。

1. 模型 I: SI 模型

【假定】

(1) 疫区封闭,即总人数 N 为常数,其中病人数 (infective people) 在时间 t 时为 $i(t)$,其余人为易感人群(sensitive people),皆为连续光滑函数。

(2) 在单位时间内一个病人能接触到的人数为定量,记作 k_0,称为接触率,并将接触到的人中的健康人传染成病人。

(3) 初始时刻的病人数为 i_0。

【建模】 病人数的增长率就是传染率,而传染率为接触率乘以易感人数在总人口中的比例 $1 - \dfrac{i(t)}{N}$。 即 $i(t)$ 满足下面的常微分方程的初值问题:

$$\begin{cases} \dfrac{\mathrm{d}i(t)}{\mathrm{d}t} = k_0 \left[1 - \dfrac{i(t)}{N} \right] i(t), \\ i(0) = i_0. \end{cases}$$

【解模】 上述方程虽然是非线性的,但可分离变量,所以可求得解

$$i(t) = \frac{N}{1 + \left(\dfrac{N - i_0}{i_0} \right) \mathrm{e}^{-k_0 t}}.$$

其解的大致图形如图 5-13 所示。

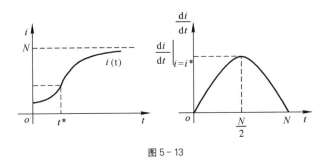

图 5-13

从图形中可以看出,病人数始终随着时间单调上升,在某一时刻 t^* 增长率达到最大,然后增速减缓趋于 0。但随着时间趋于无穷,疫区所有的人都将成为病人。

【应用】　该模型可以估计病人的增速何时达到最大。为此,对模型的常微分方程求导并令其为 0:

$$\frac{\mathrm{d}}{\mathrm{d}t}\left(\frac{\mathrm{d}i}{\mathrm{d}t}\right)=k_0\left[\frac{\mathrm{d}i}{\mathrm{d}t}\left(1-\frac{i}{N}\right)+\frac{i}{N}\left(-\frac{\mathrm{d}i}{\mathrm{d}t}\right)\right]=k_0^2\left(1-\frac{2i}{N}\right)\left(1-\frac{i}{N}\right)i=0.$$

注意到 $0<i<N$,我们得到当 $i=i^*=\dfrac{N}{2}$ 时,$\dfrac{\mathrm{d}i}{\mathrm{d}t}$ 达到最大。即在病人数达到疫区总人数的一半时,病人数的增加率达到最大。将 i^* 代入方程的解,可以算出

$$t^*=\frac{1}{k_0}\ln\left(\frac{N}{i_0}-1\right).$$

2. 模型 II：SIS 模型

在 SI 模型中,模型得到的疫区所有人总将变成病人的结论与事实不符,所以 SI 模型需要改进。在历史上发生过的重大传染病最后总有些人没有被传染上,总有一定比例的人群活下来。传染病来势汹汹,却又很脆弱,一段时间后就会消失。回顾 SI 的建模过程,我们发现,这个过程忽略了一个重要的因素,即只考虑了传染病的传染发威的过程,却没有考虑人本身抗拒传染病的能动性。事实上,并不只是易感人群变成病人,病人也可以被医治好。对不同的传染病,医好的病人可以重新变成易感人或者对该病产生了免疫力。

我们先推广 SI 模型到 SIS 模型,即病人可以被医治好,但医治好的病人可以再次被感染。红眼病就是这样的病例。

【假定】

（1）与 SI 模型假定相同。

（2）病人的医好率为 k_1。

（3）医好的病人与未得病的人具有同样的可能性被再次染病。

（4）不考虑病死。

【建模】 对 SI 模型的改进是考虑了病人医治好的可能性,所以病人的变化不仅由于易感人被传染而增加,也因病人被医好而减少。传染率与 SI 模型相同,医好率为 k_1。 所以在 SIS 模型里,病人的增加率应该等于传染率减去医好率。这样,SI 模型的常微分方程的初值问题就被改进成

$$\begin{cases} \dfrac{di(t)}{dt} = \left[k_0\left(1 - \dfrac{i(t)}{N}\right) - k_1 \right] i(t), \\ i(0) = i_0. \end{cases}$$

【解模】 这个问题仍然可用分离变量法求解。读者可以自己解决。

3. 模型 III：SIR 模型

SIR 模型是对 SI 模型在另一个方向的推广,即也考虑病人可以被医好,但医好的病人具有了免疫力。由于这部分具有免疫力的人群不再易感,不再有被传染的可能性,这样,这部分人群已不再对传染过程有任何贡献。所以这部分人群被称为移出人群（removed people）。如天花就是这样的病例。

【假定】

（1）与 SI 模型的假定相同。

（2）病人的医好率为 k_2。

（3）医好的病人具有了免疫力不可能再次染病。

（4）不考虑病死。

【建模】 同 SIS 模型,对 SI 模型的改进是考虑了病人医治好的可能性,即病人的变化不仅由于易感人被传染而增加,也因病人被医好而减少。传染率为 k_0,医好率为 k_2。 这样,病人的增加率也等于传染率减去医好率。但医好的病人由于免疫不再具有被传染的可能性,就不能回到易感人群。所以,在 SIR 的系统里,除了患病人群和易感人群,还有一个免疫人群,记作 $r(t)$。 这样,SI 模型的常微分方程的初值问题就变成了一个方程组的初值问题:

$$\begin{cases} \dfrac{\mathrm{d}i(t)}{\mathrm{d}t} = k_0 s(t) i(t) - \dfrac{\mathrm{d}r(t)}{\mathrm{d}t}, \quad i(0) = i_0, \\[2mm] \dfrac{\mathrm{d}r(t)}{\mathrm{d}t} = k_2 i(t), \quad r(0) = 0, \\[2mm] \dfrac{\mathrm{d}s(t)}{\mathrm{d}t} = -k_0 s(t) i(t), \quad s(0) = N - i_0. \end{cases}$$

由于 $s(t) + i(t) + r(t) = N$，上面的方程组可化为

$$\begin{cases} \dfrac{\mathrm{d}i(t)}{\mathrm{d}t} = [k_0 s(t) - k_2] i(t), \quad i(0) = i_0, \\[2mm] \dfrac{\mathrm{d}s(t)}{\mathrm{d}t} = -k_0 s(t) i(t), \quad s(0) = N - i_0. \end{cases}$$

【解模】　这个方程组难以直接得到解，但可以用我们在战争模型中引进的相轨分析方法对解进行讨论，或者用计算方法求助计算机解决问题。

我们在 5.6 节中再进一步讨论解这个模型。

附注：移出人群有时可考虑成死亡人群。此情况下模型称为 SID 模型。

4. 模型 IV：SISR 模型

SISR 模型是对 SIS 模型和 SIR 模型的结合，即病人可以被医好，但医好的病人按一定比例部分有了免疫力，部分没有。读者可以尝试对这个模型自己建模解模。

5.5　反问题 *

当我们已基本确定我们研究对象的数学模型，但不清楚的是模型中的参数。同时我们又有与之相关的或多或少的数据，即我们知道这个数学模型之解的值，我们自然想到要利用这些解值的信息来反求模型中的参数。这就是这节我们要讨论的反问题。

如果模型是一个函数结构，那么反问题只是一个反函数或隐函数问题，不难解决。如果数据多于所需，我们可以通过第 1 章介绍的回归方法求解参数。但如果模型是微分方程模型，那么反问题就复杂得多。

反问题的研究有许多工作，对其理论有兴趣的读者可参阅相应的参考文

献。这里我们就传染病模型为例，作为选读部分，来向读者介绍。

【问题 5-3】 我们有一次传染病流行过程中每天医院里的离院病人数 Δr 的数据（表 5-8），记为 $\overline{\Delta r}$。

表 5-8 流行病人离院人数

时间(周)	1	2	3	4	⋯	N
离院人数(人)	$(\Delta r)_1$	$(\Delta r)_2$	$(\Delta r)_3$	$(\Delta r)_4$	⋯	$(\Delta r)_N$

现在我们想通过这些离院人数的数据来确定该传染病治愈率、传染率等参数。

【分析】 我们得到的数据一般都是离散的。如果这次传染病具有病后免疫效益，并且病死人数可以忽略，则我们可以近似地把离院人群看作治愈人群。那么我们可以应用上节中传染病模型中的 SIR 模型。我们知道，在 SIR 模型中，解析解是难以得到的，那么离院病人数给了我们什么信息呢？实际上这些数据给了 SIR 模型中 $\dfrac{\mathrm{d}r}{\mathrm{d}t}$ 离散形式的数据。那么，我们可以通过 SIR 模型和这些实际数据找到我们更有兴趣的参数。

【建模】 在 SIR 模型中，治愈人群的变化率满足方程

$$\frac{\mathrm{d}r(t)}{\mathrm{d}t}=k_2 i(t)=k_2[N-s(t)-r(t)].$$

回顾一下，在 SIR 模型中，k_2 是治愈率，N 是疫区总人数，$s(t)$ 是未染病人群，$i(t)$ 是患病人群，$r(t)$ 是治愈人群。上述方程右段中，$s(t)$ 未知。我们采用相轨分析法，从 SIR 模型中，我们可以得到 s 关于 r 的方程：

$$\begin{cases} \dfrac{\mathrm{d}s}{\mathrm{d}r}=-\dfrac{k_0 s i}{k_2 i}=-\dfrac{s}{\rho}, \\ s\big|_{r=0}=s_0, \end{cases}$$

这里，$\rho=\dfrac{k_2}{k_0}$。解之得 $s=s_0 \mathrm{e}^{-\frac{r}{\rho}}$。将其代入 s 的方程得

$$\frac{\mathrm{d}r}{\mathrm{d}t}=k_2(N-r-s_0 \mathrm{e}^{-\frac{r}{\rho}}).$$

这样，我们得到一个关于 r 的方程。这是个右段为非线性的常微分方程，难有显式解。为了求 r 关于 t 的显式表达式，假定 $r \ll \rho$，那么可将方程右段的指

数函数在 0 点附近展开,并舍弃高阶项。这样就有

$$\begin{cases} \dfrac{\mathrm{d}r}{\mathrm{d}t} = k_2 \left[N - s_0 + \left(\dfrac{s_0}{\rho} - 1 \right) r - \dfrac{s_0}{2\rho^2} r^2 \right], \\ r \mid_{t=0} = 0. \end{cases}$$

利用分离变量法可以得到该问题的解:

$$r(t) = \dfrac{\rho^2}{s_0} \left[\left(\dfrac{s_0}{\rho} - 1 \right) + \alpha \, \mathrm{th} \left(\dfrac{\alpha k_2 t}{2} - \varphi \right) \right],$$

这里 $\alpha = \sqrt{\left(\dfrac{s_0}{\rho} - 1 \right)^2 + \dfrac{2 s_0 (N - s_0)}{\rho^2}}$, $\varphi = \mathrm{arcth} \, \dfrac{\dfrac{s_0}{\rho} - 1}{\alpha}$,我们注意到解中

含有未知参数 ρ 和 k_2。 由于我们有的是 $\dfrac{\Delta r}{\Delta t}$ 的数据,近似地,将 $\dfrac{\mathrm{d}r}{\mathrm{d}t}$ 来代替

$\dfrac{\Delta r}{\Delta t}$。 由 $r(t)$ 的表达式,得

$$\dfrac{\mathrm{d}r}{\mathrm{d}t} = \dfrac{\rho^2 \alpha^2 k_2}{2 s_0 \, \mathrm{ch}^2 \left(\dfrac{\alpha k_2 t}{2} - \varphi \right)}.$$

取 $\Delta t = 1$,可得到 Δr 的表达式:

$$\Delta r \approx \dfrac{A}{\mathrm{ch}^2 (Bt - \varphi)},$$

其中, $A = \dfrac{\rho^2 \alpha^2 k_2}{2 s_0}$, $B = \dfrac{\alpha k_2}{2}$ 。

在 Δr 的表达式中有三个参数 A, B 和 φ。 通过实际数据可以在一定范围里拟合出这三个参数 (A^*, B^*, φ^*)。 然后,求出由这三个参数计算出的理论值 $(\Delta r)_t$ 与实际数据 $\overline{(\Delta r)_t}$ 误差的平方和:

$$E(A, B, \varphi) = \sum_{t=1}^{N} \left[\dfrac{A}{\mathrm{ch}^2 (Bt - \varphi)} - \overline{(\Delta r)_t} \right]^2.$$

在适当范围里求

$$E_{\min} = \min_{A, B, \varphi} E(A, B, \varphi) = E(A^*, B^*, \varphi^*).$$

如果 $E_{\min}$ 较小，在可接受的范围之内，说明模型可接受。那么我们得到了一组参数值 (A^*, B^*, φ^*)，由这组参数值和 A，B，φ，α 的表达式可求出隐含参数 (ρ, k_2, s_0)。有了 ρ 和治愈率 k_2，传染率 k_0 自然就能求出了。

这个例子可看出反问题的一种解法。反问题变化多端，求解的方法也多种多样。这方面的熟练掌握和运用，需要进一步学习研究。而解决反问题在实际中却有着广泛的应用前景。

5.6　微分方程差分方法和 Matlab 解方程简介

在微分方程的求解中，直接可以通过解方程而得到解析解的方程少之又少。然而，在科学技术飞速发展的今天，计算机给了我们解决微分方程问题一个强有力的工具。所以我们要学会如何与计算机沟通，将我们的问题转化为计算机能懂、能处理的问题。差分方法就是计算机计算处理微分方程问题的一个重要方法，而 Matlab 就是达到这个目的的一个软件。本节就对差分方法和如何应用 Matlab 解方程作一个介绍。

假设函数 $y = y(x)$ 给定了某些离散点 x_0，x_1，$\cdots$，x_n 上的函数值 y_0，y_1，$\cdots$，y_n。为方便起见，我们不妨设 x_i 是等距的，即 $x_{i+1} - x_i = h$。由 Taylor 展开，有

$$y_{n+1} = y_n + h y'(x_n) + O(h^2),$$

以及

$$y_{n-1} = y_n - h y'(x_n) + O(h^2).$$

因此，

$$y'(x_n) = \frac{y_{n+1} - y_n}{h} + O(h), \quad y'(x_n) = \frac{y_{n+1} - y_{n-1}}{2h} + O(h).$$

通常，以差分方式得到微商的近似值都有一定的误差，它可由 Taylor 展开得到。

如果给定常微分方程初值问题 $y' = f(x, y)$，$y(x_0) = y_0$，我们有

$$y'(x_n) = f(x_n, y_n) = \frac{y_{n+1} - y_n}{h},$$

即可以有下面的格式计算微分方程的近似解：

$$y_0 = y(x_0), \ y_{n+1} = y_n + hf(x_n, \ y_n).$$

如果用上面的另一个近似式，则有如下格式：

$$y_0 = y(x_0), \ y_{n+1} = y_{n-1} + 2hf(x_{n-1}, \ y_{n-1}).$$

这两个方法都是精度较低的方法，由较复杂的 Taylor 展开，可以得到下面常用的龙格-库塔方法：

$$\begin{cases} k_1 = hf(x_n, \ y_n), \\[2mm] k_2 = hf\left(x_n + \dfrac{h}{2}, \ y_n + \dfrac{k_1}{2}\right), \\[2mm] k_3 = hf\left(x_n + \dfrac{h}{2}, \ y_n + \dfrac{k_2}{2}\right), \\[2mm] k_4 = hf(x_n + h, \ y_n + k_3), \\[2mm] y_{n+1} = y_n + \dfrac{1}{6}(k_1 + 2k_2 + 2k_3 + k_4). \end{cases}$$

在 Matlab 中，该方法的调用命令为 ode45。例如，给定参数，求解上面的人口模型问题

$$\begin{cases} \dfrac{\mathrm{d}N}{\mathrm{d}t} = k\left(1 - \dfrac{N}{N_m}\right)N, \\[3mm] N(0) = N_0. \end{cases}$$

我们需要建立 Matlab 文件 dydx.m：

```
function f = dydx(t,N)
  k = 0.25;
  Nm = 1e8;
  f = k * N * (1-N/Nm);
```

调用如下：

```
>> N0 = 1e6;
>> [t,N] = ode45(@ dydx,[0,100],N0);
>> plot(t,N,'k-')
```

这当中，dydx 是函数名，调用时的方式为 @ dydx，初值 N0，求解区间为 [0, 100]，返回得到的 t，N 是离散点及其上的近似值，可以用 plot 命令直接画图。

方程组也可以用同样的方式调用，例如求解传染病模型（SIR）：

$$\begin{cases} \dfrac{\mathrm{d}i(t)}{\mathrm{d}t} = \big[k_0 s(t) - k_2\big]i(t), \quad i(0) = i_0, \\[3mm] \dfrac{\mathrm{d}s(t)}{\mathrm{d}t} = -k_0 s(t)i(t), \quad s(0) = N - i_0. \end{cases}$$

我们可以建立 Matlab 文件如下：

```
function f = sir(t,z)
% i = z(1), s = z(2)
  k0 = 0.08;  %  修改这里的参数
% k1 = 0.25;
  k2 = 0.06;
  f  = [ ( k0* z(2)−k2 )* z(1)
         −k0* z(2)* z(1)            ];
```

调用如下：

```
>> i0 = 2;N = 1e2;
>> [t,z] = ode45(@ sir,[0,10],[i0;N−i0]);
>> plot(t,z);
```

结果如图 5-14 所示。

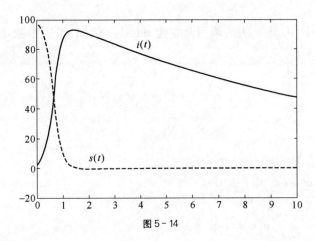

图 5-14

5.7　习题

1. 讨论推广情形 3 的情形，列出方程式、递推式以及 n 回合后剩余兵力的公式，并讨论取胜的条件。

2. 美国原子能委员会以往以沉海方式处理浓缩的放射性废料。即把该废料装入密封的圆桶里,然后将圆桶扔到水深为 90 多米的海底。然而这种方式受到生态学家和科学家们的质疑。他们表示担心,怕圆桶下沉到海底时与海底碰撞而发生破裂,从而造成核污染。原子能委员会则辩说这是不可能的。为此工程师们进行了碰撞实验,发现当圆桶下沉速度超过 12.2 m/s 与海底相撞时,圆桶就可能发生碰裂。这样,为了避免圆桶碰裂,需要计算一下圆桶沉到海底时速度是多少。现在,已知圆桶质量为 239.46 kg,体积为 0.205 8 m³,海水密度为 1 035.71 kg/m³。假设水的阻力与速度大小成正比,其正比例常数 $k = 0.6$。建立模型,讨论这种处理放射性废料方法的安全性。

3. 某农场饲养的一种动物所能达到的最大年龄为 15 岁,将其分成三个年龄组:第一组为 0～5 岁;第二组为 6～10 岁;第三组为 11～15 岁。动物从第二年龄组起开始繁殖后代,经过长期统计,第二年龄组的动物在其年龄段平均繁殖四个后代,第三年龄组的动物在其年龄段平均繁殖三个后代。第一年龄组和第二年龄组的动物能顺利进入下一个年龄组的存活率分别为 50% 和 25%。假设农场现有三个年龄段的动物各 1 000 头,问 15 年后农场三个年龄段的动物各有多少头?

4. 设一容器内原有 100 L 的盐水,内含有盐 10 kg,现以 3 L/min 的速度注入质量浓度为 0.01 kg/L 的淡盐水,同时以 2 L/min 的速度抽出混合均匀的盐水。求容器内盐量变化的数学模型。

5. 自然界中不同种群之间存在着这样一种非常有趣的相互依存、相互制约的生存方式,种群甲靠丰富的自然资源生长,而种群乙靠捕食甲为生。兔子和山猫、落叶松和蚜虫都是这种生存方式的典型。生态学上称种群甲为食饵(prey),称种群乙为捕食者(predator),两者共处组成捕食者-食饵生态系统。意大利数学家 Volterra 提出的一个简单的生态学模型描述这个系统,试重构这个模型。

6. 考虑 SID 模型,即在传染病传染过程中,病人以一定的比例死去。试建立模型并分析解的性质。并在此基础上进一步考虑 SISD 模型,即在传染病传染过程中,部分病人医好,部分病人死亡。

7. 建立解放战争模型,即甲方在战争中俘虏了乙方战斗人员,而乙方俘虏按一定比例转化为甲方战斗人员。用相轨法讨论甲、乙方取胜的条件。

8. 在一个封闭的容器里培养着一种细菌,细菌的生长条件良好。开始时,细菌在容器中的密度为 μ_0,假定其繁殖率与细菌在容器中的密度成反比,建立模型刻画细菌在容器中的密度。不过,在实际观察中,常发现这样的现象:当容器中的密度高于某上值时,细菌会忽然大量死亡,直到密度低于某下值。建立模型刻画这种现象。

9. 在其他条件保证的前提下,鱼塘里的鱼正常的繁殖率为一常数,但鱼在池塘里的密度超过 k_0 以后密度将限制鱼的增长,限制的力度与鱼的密度大于 k_0 的量成正比。建立模型刻画鱼的增长规律,并安排最优的生产计划,计算鱼的出塘率(即单位时间捕出鱼与在塘鱼的比例)。

10. 人类的捕杀活动使某森林里的某动物正面临灭绝的危险,已知该动物的繁殖率满足阻滞模型,建立合理的狩猎模型讨论如何限制捕杀以保护该动物,并给出确定模型参数的方案。

11. 表 5 - 9 是中国 1989—2006 年的人口数据。试用这些数据拟合阻滞模型的参数。

表 5 - 9　中国人口数据

年份(年)	1989	1990	1991	1992	1993	1994	1995	1996	1997
人口(万人)	112 704	114 333	115 823	117 171	118 517	119 850	121 121	122 389	123 626
年份(年)	1998	1999	2000	2001	2002	2003	2004	2005	2006
人口(万人)	124 761	125 786	126 743	127 627	128 453	129 227	129 988	130 756	131 448

第6章
优化模型 *

本章涉及的数学知识较多,非数学专业的同学可以考虑作为选修。我们着力于介绍思想和实际应用,并不拘泥于数学上的严格证明,有兴趣的读者可进一步研修相关领域的专著(如参考文献[6.2],[6.3])。

变分问题与优化问题关系密切。如果优化寻求的是最优点,常可以化为第1章讨论过的用微积分的方法寻求最优点的问题;如果问题涉及一组限制条件,则可以用第3章数学规划的方法处理;但如果要寻求一个最优函数,那么就是变分问题。这类方法在控制论、优化法中有着广泛应用。

当你决定处理一个优化问题时,首先要确定优化的目标,其次要找到可以控制的决策,以及决策受到哪些条件的限制。在处理过程中,要对实际问题作若干合理的假设。最后用微积分的方法或者变分方法进行求解。在求出最后决策后,要对结果作一些定性和定量的分析和必要的检验。

6.1 微积分方法寻求最优点

微积分的基础是极限和无穷的思想。微分就是无限细分,积分就是无限求和。它是用一种运动的眼光看待问题。

微积分的概念可以追溯到古代。到了17世纪后半叶,牛

我的三大定律是数学模型,苹果……也是……

图6-1

顿(Isaac Newton，1643—1727)（图 6 - 1）和莱布尼茨（Gottfried Wilhelm Leibniz，1646—1716)在许多数学家准备工作的基础上，独立地建立了微积分学。直到 19 世纪，这门学科才得以严密化。

某些实际问题可以通过高等数学中的微积分理论来解决，请看下面的几个问题。

【问题 6 - 1】 铁路线上 AB 段的距离为 100 km，工厂 C 距 A 处 20 km，并且 AC 垂直于 AB（图 6 - 2）。为了运输需要，要在 AB 线上选一点 D 向工厂修筑一条公路。已知铁路每千米货运的运费与公路每千米货运的运费之比为 3∶5。

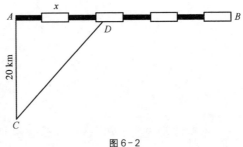

图 6-2

为了使货物从供应站 B 运到工厂 C 的运费最省，问 D 点应选在何处？

【已知】

(1) $AB = 100$ km，$AC = 20$ km。

(2) 铁路每千米货运的运费与公路每千米货运的运费之比为 3∶5。

【假定】

(1) $AD = x$ km，则 $DB = 100 - x$，$CD = \sqrt{20^2 + x^2} = \sqrt{400 + x^2}$。

(2) 取正常数 k 为比例因子，铁路上每千米货运的运费为 $3k$，公路上每千米货运的运费为 $5k$。

(3) AB 间任意点到 C 都可以直线修路。

【建模】 如果从 B 点到 C 点需要的总运费为 y，则

$$y = 5k \cdot CD + 3k \cdot DB$$
$$= 5k \sqrt{400 + x^2} + 3k(100 - x)，0 \leqslant x \leqslant 100,$$

于是问题就归结为求函数 y 在闭区间 $[0, 100]$ 上的最小值点。

【解模】 利用微积分方法，可先求 y 对 x 的导数：

$$y' = k\left(\frac{5x}{\sqrt{400 + x^2}} - 3\right),$$

得 $x = 15$ 是函数 y 在区间 $(0, 100)$ 内唯一的驻点。又由于

$$y\big|_{x=0}=400k\,, \quad y\big|_{x=15}=380k\,, \quad y\big|_{x=100}=500k\sqrt{1+\frac{1}{25}}\,,$$

其中以 $y\big|_{x=15}=380k$ 为最小。

【结论】　当 $AD=15$ km 时,总运费最省。

问题 6-1 是一个比较简单的例子,其最优点可以直接解出来。但很多情况,最优点不能直接解出来,这就需要我们应用更多的数学和计算手段,见下面的问题。

【问题 6-2】　某医院有一直角拐角走廊(图 6-3)。已知该拐角走廊两边各宽 1.5 m 和 1.7 m。医院需要订购一批宽 1.2 m 的病床,问能通过该走廊的病床最长不能超过多少米?

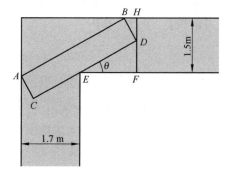

图 6-3

【已知】

(1) 走廊转弯为直角,两边的宽度分别为 1.5 m 和 1.7 m。

(2) 病床的宽度为 1.2 m。

基于如下假定,我们可以把问题变得简单,使其容易得到解决。

【假定】

(1) 不考虑病床之上或边上的医疗设备,走廊的高度足够让病床及相应设备通过。

(2) 病床在转弯过程中可以最大限度地接近走廊两侧墙壁。

(3) 病床是一个标准的长方体,在俯视平面上记为长方体 $ABCD$,转弯点为 E(图 6-3)。

(4) 病床一侧与一边走廊的夹角为 θ, $\theta\in\left[0,\dfrac{\pi}{2}\right]$(图 6-3)。

【建模】　如图 6-3 所示,由假定知,病床的长度 $l=CD=CE+ED$,而 CE 和 ED 的长度分别受走廊宽度 1.5 m 和 1.7 m 的限制,我们要找出病床的最大容纳长度。先看 ED,由于 $FD+DH=1.5$ m,利用平面几何相似三角形的基本知识,不难得到关系式 $DF=ED\sin\theta$, $DH=BD\cos\theta$,所以 $ED=$

$\dfrac{DF}{\sin\theta} = \dfrac{1.5 - 1.2\cos\theta}{\sin\theta}$。同理可得 $CE = \dfrac{1.7 - 1.2\sin\theta}{\cos\theta}$。从而,

$$l = \frac{1.5 - 1.2\cos\theta}{\sin\theta} + \frac{1.7 - 1.2\sin\theta}{\cos\theta} = f(\theta), \theta \in \left[0, \frac{\pi}{2}\right].$$

这个式子表达了当 θ 从 0 变到 $\dfrac{\pi}{2}$ 时各位置走廊拐角可容纳病床的最大长度。病床若能转过拐角,其长度不能超过这个式子中所有取到 θ 的函数最小值,即 $f(\theta)$ 的最小值。由于函数 $f(\theta)$ 是一个连续可微函数,该问题可以转化为求解导函数 $f'(\theta) = 0$ 的求零点问题。

【解模】 经过计算得

$$f'(\theta) = \frac{1.2 - 1.5\cos\theta}{\sin^2\theta} + \frac{1.7\sin\theta - 1.2}{\cos^2\theta}.$$

如果上式的零点可以解析地解出,我们的问题就得到了解决。然而 $f'(\theta) = 0$ 是一个无理方程,零点无法解析地解出,我们必须另辟蹊径。这里我们介绍一种方法——二分法。

通过试验,我们知道 $f'(0.1) = -30.3890$,而 $f'(1.0) = 1.3397$。因此导函数 $f'(\theta)$ 在区间 $[0.1, 1.0]$ 中有一实根。取中点 0.55,我们有 $f'(0.55) = -0.7169$,因此导函数 $f'(\theta)$ 在区间 $[0.55, 1.0]$ 中有一实根。反复施行这样的做法,我们可以得到表 6-1 以及其近似根。

表 6-1　二分法操作过程

θ	$f'(\theta)$	θ	$f'(\theta)$
0.1	−30.3890	1.0	1.3397
0.55	−0.7169	1.0	1.3397
0.55	−0.7169	0.7750	0.2417
0.6625	−0.2025	0.7750	0.2417
0.6625	−0.2025	0.7188	0.0217
0.6906	−0.0894	0.7188	0.0217

这样,通过近似计算的方法,我们可以知道上述问题的解为 $\theta^* =$

$0.713\,3$，$f'(\theta^*)=1.796\,6\times10^{-4}$，$f(\theta^*)=2.115\,3\,\mathrm{m}$。因此，病床的长度不能超过 $2.1\,\mathrm{m}$。近似计算根也可以用如下的 Matlab 命令：

```
>> g = inline(...
   '(1.2−1.5* cos(x))/sin(x)^2+(1.7* sin(x)−
1.2)/cos(x)^2');
>> fzero(g,pi/2)
ans =
   0.7133
```

由直接计算，我们有

$$f''(\theta)=\frac{1.5\sin^2\theta+3\cos^2\theta-2.4\cos\theta}{\sin^3\theta}+\frac{1.7\cos^2\theta+3.4\sin^2\theta-2.4\sin\theta}{\cos^3\theta}$$

$$=\frac{1.5(\cos\theta-0.8)^2+0.54}{\sin^3\theta}+\frac{1.7\left(\sin\theta-\dfrac{12}{17}\right)^2+\dfrac{29}{34}}{\cos^3\theta},$$

对于所有 $0<\theta<\dfrac{\pi}{2}$ 成立 $f''(\theta)>0$，所以 $f(\theta)$ 有唯一的极小点。

由于我们用近似求解的方法代替精确求解的方法，带来了误差。因此，最终的结果我们只保留了两位有效数字，当然从实用的角度看，这也足够了。

【结论】　病床的长度不能超过 $2.1\,\mathrm{m}$。

用微积分的方法，不仅可以确定最优点，也可以发现一些规律。物理学是应用数学最多最早的学科，下面的例子就是应用数学定量地刻画光学中的折射定律。

【问题 6-3】　研究光的折射定律。设在 x 轴的上下两侧有两种不同的介质甲和介质乙，光在介质甲和介质乙的传播速度分别是 v_1 和 v_2。又设点 A 在介质甲内，点 B 在介质乙内。光线从 A 传播到 B 会走耗时最少的路径，问其路径如何？

【假定】　如图 6-4 所示，设点 A，B 到 x 轴的距离分别是 $AM=h_1$ 和 $BN=h_2$，MN 的长度为 l，MP 的长度为 x（P 为光线路径与 x 轴的交点）。

【建模】　由于在同一介质中，光线的最速路径显然为直线，因此光线从 A 到 B 的传播路径必为折线 APB，其所需的总时间是

$$t(x)=\frac{1}{v_1}\sqrt{h_1^2+x^2}+\frac{1}{v_2}\sqrt{h_2^2+(l-x)^2},\ x\in[0,l].$$

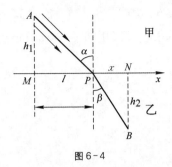

图6-4

【解模】 下面来确定 x 满足什么条件时，$t(x)$ 取得最小值。先求 $t(x)$ 关于 x 的导数：

$$t'(x) = \frac{1}{v_1} \frac{x}{\sqrt{h_1^2 + x^2}} - \frac{1}{v_2} \frac{l-x}{\sqrt{h_2^2 + (l-x)^2}}.$$

由于 $t'(0) < 0$，$t'(l) > 0$，且

$$t''(x) = \frac{1}{v_1} \frac{h_1^2}{(h_1^2 + x^2)^{\frac{3}{2}}} + \frac{1}{v_2} \frac{h_2^2}{[h_2^2 + (l-x)^2]^{\frac{3}{2}}} > 0, \quad x \in [0, l],$$

可知 $t'(x)$ 在 $[0, l]$ 内存在唯一的零点 x_0，即 $t(x)$ 是 $[0, l]$ 内唯一的最小点 x_0。

该点 x_0 满足 $t'(x_0) = 0$，即

$$\frac{1}{v_1} \frac{x_0}{\sqrt{h_1^2 + x_0^2}} = \frac{1}{v_2} \frac{l-x_0}{\sqrt{h_2^2 + (l-x_0)^2}},$$

设 α，β 分别表示如图 6-4 所示的光线的入射角与反射角，则 $\dfrac{x_0}{\sqrt{h_1^2 + x_0^2}} = \sin\alpha$，$\dfrac{l-x_0}{\sqrt{h_2^2 + (l-x_0)^2}} = \sin\beta$，有

$$\frac{\sin\alpha}{v_1} = \frac{\sin\beta}{v_2}. \tag{6-1}$$

这就是光学中著名的折射定律，它给出了光线从介质甲中的 A 点沿最速路径传播到位置乙中的 B 点时，光线与介质界面交点 P 所应满足的条件。

【结论】 物理学通过实验发现了折射定律，而数学（特别是通过数学模

型)则揭示了隐藏在这一规律后面的数量关系(式6-1)。

【应用】 式(6-1)推出了一个一般的折射定律公式。我们发现公式中有 4个参数：α, β, v_1, v_2。而对于一个具体问题，这些参数如何确定也是数学建模需要关心的事。在本题中，α, β这两个参数是容易通过物理实验确定的，这样我们可以通过公式得到光线通过不同介质的速度比。而速度与材料的光导性质有关。如果我们将一种材料作为参照物，就可以找出其他材料的光导性质参数。

如问题6-3的应用所说，数学建模中有一类问题是确定参数问题。即已知研究对象一般的变化规律，但对于这个具体问题需要确定一般规律中的参数。下面的问题6-4就是这样的一个例子。

【问题6-4】 一高射炮向空中射击(不计空气阻力)，建立平面直角坐标系，若原点是高射炮的发射点，试建立数学模型说明：

(1) 此炮弹能发射到的最远距离是多少？此时发射斜率为何值？

(2) 此炮弹发射后击中200 m远处的墙壁的最大高度是多少？

【假定】

(1) 炮弹初速度为V_0，炮弹发射角为α。

(2) 忽略空气阻力。

【建模】 如图6-5所示，炮弹的速度可分解成水平和垂直两个分速度 V_x, V_y，由假定(2)，水平方向的分速由于没有阻力，所以是匀速运动，而垂直方向的分速有地球吸引力，以重力加速度g减速。即

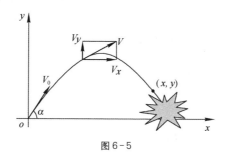

图6-5

$$\begin{cases} V_x = V_0 \cos\alpha, \\ V_y = V_0 \sin\alpha - \dfrac{1}{2}gt, \end{cases} \Rightarrow \begin{cases} x = V_0 t \cos\alpha, \\ y = V_0 t \sin\alpha - \dfrac{1}{2}gt^2. \end{cases}$$

【解模】 上式消去 t,得到

$$y = kx - l(k^2 + 1)x^2,$$

这里 $k = \tan\alpha$, $l = \dfrac{g}{2V_0^2}$。下面由这个模型回答题目的两个问题。

(1) 炮弹发射后落地时纵坐标 $y = 0$,即

$$kx = l(k^2 + 1)x^2, \ x \neq 0, \ \Rightarrow x = \frac{k}{l(k^2 + 1)}.$$

将 x 关于 k 求导:$\dfrac{\mathrm{d}x}{\mathrm{d}k} = \dfrac{1}{l} \dfrac{1 - k^2}{(k^2 + 1)^2}$。令 $\dfrac{\mathrm{d}x}{\mathrm{d}k} = 0$,则 $k = 1$(由条件 $k > 0$ 知 $k = -1$ 舍去)。又因为当 $0 < k < 1$ 时,$\dfrac{\mathrm{d}x}{\mathrm{d}k} > 0$,当 $k > 1$ 时,$\dfrac{\mathrm{d}x}{\mathrm{d}k} < 0$,故当 $k = 1$ 时 x 有极大值(即最大值)。此时最佳角度满足 $k = \tan\alpha = 1$,即 $\alpha = \dfrac{\pi}{4}$。此时,$x = \dfrac{1}{2l}$。

(2) 由于炮弹击中 200 m 外的墙壁,即 $x = 200$,此时,

$$y = 200k - l(k^2 + 1) \times 200^2,$$

$$\frac{\mathrm{d}y}{\mathrm{d}k} = 200 - 80\,000lk.$$

令 $\dfrac{\mathrm{d}y}{\mathrm{d}k} = 0$,则 $k = \dfrac{1}{400l}$。由 $\dfrac{\mathrm{d}^2 y}{\mathrm{d}k^2}\bigg|_{k = \frac{1}{400l}} = -80\,000l < 0$,得 $k = \dfrac{1}{400l}$ 时 y 取到最大值。将这个值代入 y 的方程,就得到炮弹击中 200 m 外的墙壁的最大高度为 $\left(\dfrac{1}{4l} - 40\,000l\right)$ m。

【结论】

(1) 当炮弹发射的角度为 $\dfrac{\pi}{4}$ 时,炮弹能落到最远,炮弹能够发射的最远距离为 $\dfrac{1}{2l}$。

(2) 炮弹能击中 200 m 开外的墙壁的最大高度是 $\left(\dfrac{1}{4l} - 40\,000l\right)$ m。这

里 $l = \dfrac{g}{2V_0^2}$，g 是重力加速度，V_0 是炮弹的初速度。

6.2 随机优化模型——小商贩海鲜进货问题

我们先通过小商贩进货问题来看如何应用概率工具来建模（图 6-6）。

【问题 6-5】 小商贩每天清晨从批发市场批进某海鲜进行零售，晚上将卖不掉的海鲜送去饲料厂折价处理。商贩卖出海鲜可获利，而处理海鲜会受损。那么商贩应该如何确定每天的进货量以达到利润的最大化？

图 6-6

【分析】 商贩每天卖出去的海鲜不是一个常数，而海鲜又必须在当天处理掉。所以进货太多，处理没卖掉的海鲜将减少利润或产生损失，而进货太少就损失了可以卖货获利的机会。首先在市价已知的前提下，我们主要解决的是进货量的大小，而商贩有长期贩卖海鲜的经验，虽然不知道每天的出售量，但知道每天出售量的可能性。我们要求的是在这些假定下找到能使商贩取得最大利润的进货量 m。

【假定】

（1）港口有足够的海鲜供应，进货价是 P_b 元/斤（斤＝500 g）。

（2）晚上去饲料厂可以处理掉所有的剩货，处理价为 $P_c = P_b - d_c$ 元/斤，这里 d_c 是正常数。

（3）商贩每天批进海鲜 m 斤去市场贩售，卖价为 $P_s = P_b + d_s$ 元/斤，这里 d_s 是正常数。

（4）每天卖出海鲜 n 斤的概率为 $p(n)$。

【建模】 由假定知，商贩每卖出 1 斤海鲜获利 $P_s - P_b = d_s$ 元，每处理 1 斤海鲜亏损 $P_b - P_c = d_c$ 元。当出售量 $n \leqslant m$ 时，商贩获利 $d_s n - d_c(m-n)$ 元；而当出售量 $n > m$ 时，商贩获利 $d_s m$ 元。由大数定律（参考文献[2.1]），

商贩每天的平均收入可用每天收入的期望值来表示。这个期望值为

$$E(m) = \int_0^m [d_s n - d_c(m-n)] p(n) \mathrm{d}n + \int_m^{+\infty} d_s m p(n) \mathrm{d}n.$$

现在问题就转化为如何求出 m,使得 $E(m)$ 取得最大。

【**解模**】 应用微积分求极值的方法解决该问题(图 6-7)。对 m 求导,得

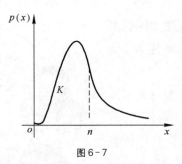

图 6-7

$$E'(m) = [d_s n - d_c(m-n)] p(n) \big|_{n=m} - \int_0^m d_c p(n) \mathrm{d}n - d_s m p(n) \big|_{n=m}$$

$$+ \int_m^{+\infty} d_s p(n) \mathrm{d}n = 0,$$

化简得

$$d_c \int_0^m p(n) \mathrm{d}n = d_s \int_m^{+\infty} p(n) \mathrm{d}n,$$

整理得

$$\frac{\int_0^m p(n) \mathrm{d}n}{\int_0^{+\infty} p(n) \mathrm{d}n} = \frac{d_s}{d_s + d_c}.$$

于是,由 $\int_0^{+\infty} p(n) \mathrm{d}n = 1$,我们有

$$\int_0^m p(n) \mathrm{d}n = \frac{d_s}{d_s + d_c} \triangleq K.$$

由于 $0 < K < 1$ 是一个常数,当概率密度 $p(n)$ 为已知时,可由上式计算相应的 m。

【结论】　数值 $K = \dfrac{d_s}{d_s + d_c}$ 是卖出一份海鲜的收益与处理一份海鲜所造成亏损的比值。这个比值越大,进货量就应该越大;反之,则应该少进一些货。

我们从这个例子看出,当收益与处理的差价固定时,鱼贩的策略只与这些差价有关,而与市价的涨落没有关系。

设鱼贩小张销售带鱼,早上他从港口进货进价为 4 元/斤,白天他在菜市场卖带鱼的售价为 7 元/斤,晚上他再将剩货处理给饲料厂,处理价为 2.5 元/斤,销售量服从参数为 0.03 的指数分布,求最优的进货量。

用我们得到的结果,$K = \dfrac{3}{4.5} = 0.67$,$\displaystyle\int_0^m 0.03\mathrm{e}^{-0.03x}\,\mathrm{d}x = 0.67$,我们可通过计算机反求出隐含的 $m \approx 37$ 斤。可用方法很多,如令 $F(x) = -\mathrm{e}^{-0.03x}$,易知 $F'(x) = 0.03\mathrm{e}^{-0.03x}$,$\displaystyle\int_0^m 0.03\mathrm{e}^{-0.03x}\,\mathrm{d}x = F(m) - F(0) = 0.67$,$F(m) = 0.67 + F(0) = -0.33$,由此得 $m = 37$。如果处理价上升到 3 元/斤,则可以求得 $m \approx 46.2$ 斤。

【推广】　现在考虑更一般的情况,鱼贩必须提前向港口预定购买量,也就是说,鱼贩必须承担鱼价波动的结果。这个问题多了一个市价随机因素。即未来的海鲜市价是波动的。这个随机因素虽然和每天卖出量的随机因素可能有一定的相关性,但我们可以简化假定它们是互相独立的。我们认为,商贩有长期贩卖海鲜的经验,不但知道每天出售量的可能性,也知道市价的可能性。

第一步推广:可以假定进货价、市场价和处理价之间的差已知,但 P_b 是随机变量,d_c,d_s 是已知正常数。P_s,P_c 可以由 P_b,d_c,d_s 表示。从前面的讨论可以看出,结果只依赖于 d_c,d_s,与 P_b 的分布无关。这样就回到了原来的问题,所以这样的推广是有意义的平凡推广。

第二步推广:假定 d_c,d_s 也是随机变量,即进货价、市场价和处理价都是随机变量,但我们仍把它们写成差的形式。我们假定这几个随机变量都互相独立,这样我们可以分别对它们求期望。进一步假定 d_c,d_s 的期望分别为 $\bar{d}_c$,$\bar{d}_s$,那么由于差价与售出量无关,我们得

$$E(m) = \int_0^m \left[E(d_s)n - E(d_c)(m-n) \right] p(n)\,\mathrm{d}n + \int_m^{+\infty} E(d_s)mp(n)\,\mathrm{d}n$$

$$= \int_0^m \left[\bar{d}_s n - \bar{d}_c(m-n) \right] p(n)\,\mathrm{d}n + \int_m^{+\infty} \bar{d}_s mp(n)\,\mathrm{d}n.$$

下面的做法和前面一样，只要将结果中的 d_c，d_s 换成 $\bar{d}_c$，$\bar{d}_s$ 即可。这样的推广是有意义的简单推广。

第三步推广：假定 d_c，d_s 是相关的随机变量，但与售出量无关，同时假定它们的期望为 $\bar{d}_c$，$\bar{d}_s$。这种情况下，观察 $E(m)$ 的表达式，$\bar{d}_c$，$\bar{d}_s$ 的相关性并不影响这个表达式，所以结果与第二步推广的结果一样。

第四步推广：假定进货价、售出价和处理价都是相关的随机变量，但它们与售出量无关。换句话说，P_c，P_s，P_b 都是相关的随机变量，我们仍然沿用前面的记号，问题就变成 P_b，d_c，d_s 是相关的随机变量。计算 $E(m)$，发现 $E(m)$ 与 P_b 无关，结果与第三步的结果一样。所以这一步实际上是第三步的平庸推广。

读者还可以按照这个思路尝试进一步推广问题使其更接近实际情形。但如果售出量和差价相关，事情就复杂了，我们需要进一步知道它们的联合分布密度。读者可以自己作进一步研究。

还可以推广的方向如鱼贩有不同的货源和市场，购入成本不同，品种不同，收市时折价出售，如何分配资源，使之利益最大等。

6.3 简单变分问题——最短距离问题

我们从一个日常生活的常识开始。

我们都知道，在我们的常规空间里，两点之间为直线距离最近。那么这个结论可不可以用数学进行证明呢？

为简单起见，我们在平面上考虑这个问题。如图 $6\text{-}8$ 所示，设平面上有两点 A 和 B，它们的坐标分别为 $(x_0,\ y_0)$ 和 $(x_1,\ y_1)$。现在我们用一段连线将它们连接起来，那么连线的方程为 $y = y(x)$，并且 $y_0 = y(x_0)$，$y_1 = y(x_1)$。我们知道

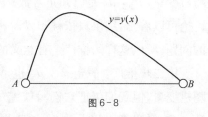

图 $6\text{-}8$

这样的连线方程有无穷多个。现在的问题是，我们怎么找到一条最短的连线呢？那么我们就要计算这些连线的长度。

根据微积分的理论，可以用曲线积分算出连线 $y = y(x)$ 的长度：

$$J[y(x)] = \int_{x_0}^{x_1} \sqrt{1 + y'^2(x)}\, \mathrm{d}x. \tag{6-2}$$

当函数 $y=y(x)$ 变化时,长度 d 自然跟着变。这个关系很像自变量和应变量的函数关系,只不过现在的自变量不再是个数,而是一个函数,那么应变量也就不是普通的函数,我们把它称为泛函。所以,我们更喜欢把 J 写成 $J[y(x)]$。这样就反映出 J 和 $y(x)$ 的对应关系。

现在我们要在一个函数集合 $\{y(x)\}$ 里找到一个特殊的函数 $y^*(x)$,使得 $J[y^*(x)]$ 的值最小。根据问题和 J 的表达式,我们知道这个函数集合里的函数要连续,一阶可导,而且过两个端点。如果用 M 表示这个函数集合,则用数学的语言就是

$$M=\{y(x)\mid y\in C^1[x_0,x_1],\ y_0=y(x_0),\ y_1=y(x_1)\}.$$

这里 $C^1[x_0,x_1]$ 表示所有定义在区间 $[x_0,x_1]$ 上连续并且一阶导数也连续的函数集合,所以我们的问题转变成寻找 $y^*(x)$,使得

$$J[y^*(x)]=\inf_{y\in M}J[y(x)].$$

假定 $y^*(x)$ 存在,从微积分求最小值的思想出发,我们定义一个函数:

$$\Phi(\alpha)=J[y^*(x)+\alpha\eta(x)],\qquad\qquad(6\text{-}3)$$

这里 $\eta\in C^1[x_0,x_1]$, $\eta(x_0)=\eta(x_1)=0$, $\alpha\in(-\infty,+\infty)$,故 $y^*(x)+\alpha\eta(x)\in M$。这样, $\alpha=0$ 时, $\Phi(\alpha)$ 取得极值。换句话说, $\Phi'(0)=0$,即

$$\Phi'(0)=\int_{x_0}^{x_1}\frac{y^{*\prime}\eta'}{\sqrt{1+y^{*\prime 2}}}\mathrm{d}x=\int_{x_0}^{x_1}\frac{y^{*\prime\prime}\eta}{\sqrt[3]{1+y^{*\prime 2}}}\mathrm{d}x=0.$$

由于 $\eta\in C^1[x_0,x_1]$ 的任意性,我们推出 $y^{*\prime\prime}(x)=0,\forall x\in(x_0,x_1)$。这就是说, $y^*(x)$ 是过 A 和 B 的直线。

6.4　自由边界问题——障碍问题*

自由边界问题是一类非线性问题,其边界成为解的一部分。这类问题在物理、经济和金融等领域的控制和优化问题中经常可以碰到(见参考文献[6.1])。其中很多问题可以化成变分不等式来解决。在这一节中,我们介绍其中一个经典的问题——障碍问题。

【问题 6-6】　我们还是考虑前面讨论过的最短距离问题的延伸。

从 A 点到 B 点,我们已经用数学方法证明了其最短距离是连接两点的直线距离。现在假定这两点之间有一个障碍,如 B 点在一座高山的顶点(图 6-9)。我们假定,在空间里我们有工具,例如飞毯,可以腾飞走直线,但我们却不能穿越障碍。那么在这种情况下,A 到 B 的最短距离是什么?

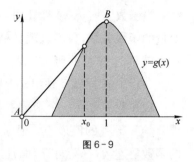

图 6-9

【分析】 直觉告诉我们,最短的距离应该是从 A 点出发,先沿直线达到山的某点,然后沿着山的表面攀爬至 B 点,并且所有的路线都应该落在垂直于地面的平面上。那么接下来的问题是,在哪点落山为最佳?

【假定】

(1) 在 $x\text{-}y$ 平面上考虑这个问题。

(2) A,B 两点的坐标分别为 $(0,0)$ 和 $(1,1)$。

(3) 山表面的截面线为连续光滑函数 $y=g(x)$,$g(0)<0$,$g(1)=1$,并且 $g''(x)<0$。

【建模解模 1】 假定登山点的坐标为 $(x_0,g(x_0))$,所以 A 到 B 的距离函数为

$$d(x_0)=\sqrt{x_0^2+g^2(x_0)}+\int_{x_0}^1 \sqrt{1+g'^2(x)}\,\mathrm{d}x.$$

$d(x_0)$ 取得极小的必要条件是 $d'(x_0)=0$,即

$$d'(x_0)=\frac{x_0+g(x_0)g'(x_0)}{\sqrt{x_0^2+g^2(x_0)}}-\sqrt{1+g'^2(x_0)}=0,$$

整理后得

$$\left[g(x_0)-x_0g'(x_0)\right]^2=0,$$

或者

$$\frac{g(x_0)}{x_0}=g'(x_0).$$

这表明,在落山点山面截面的切线与腾空直线重合。所以我们得到的解为

$$f(x) = \begin{cases} \dfrac{g(x_0)}{x_0}x, & x \in (0, x_0), \\[2mm] g(x), & x \in (x_0, 1), \\[2mm] \dfrac{g(x)}{x} = g'(x), & x = x_0. \end{cases}$$

如果进一步有 $g(x)$ 的信息,还可以求出 x_0 的具体值。例如当 $g(x) = 1 - 4(x-1)^2$,可求出 $x_0 = \dfrac{\sqrt{3}}{2}$。

然而,这样的解法虽然简单,但却有争议。因为我们讨论的路径并没有包括从 A 到 B 的绕过障碍的所有路径。为此,我们用变分的方法来讨论这个问题。

【建模解模 2】　考虑允许函数集合

$$M_1 = \{f(x) \mid f(x) \in C^1[0, 1], f(0) = 0, f(1) = 1, f(x) \geqslant g(x)\},$$

我们要求的变分问题是寻找 $y^*(x)$,使得

$$J[y^*(x)] = \inf_{y \in M_1} J[y(x)],$$

这里 J 由式(6-2)定义。

我们要说明这个变分问题的解就是由建模解模 1 得到的解。

事实上,由自由边界问题理论,上面的变分问题的解等价于如下的两可问题的解(参考 6.6 节变分理论简介中的推导):

寻找 $f(x) \in C^1[0, 1]$,使得

$$\begin{cases} f(x) - g(x) \geqslant 0, \\ -f''(x) \geqslant 0, \\ [f(x) - g(x)]f''(x) = 0, \\ f(0) = 0, f(1) = 1. \end{cases}$$

而且,上述两可问题的解是存在唯一的。

这就说明我们讨论的变分问题的极小值只有两种情况,或者是直线,或者是障碍线。而且在连接处一阶导数连续。而满足这些条件的解就是建模解模 1 得到的解。也就是说,在建模解模 1 得到的解就是该问题的最优解。

6.5 动态优化——赛跑的体力分配*

赛跑中运动员的体力分配是个复杂的问题，涉及医学、生理学、心理学和力学等领域。然而我们可以在一定的假定下，简化问题用数学模型来刻画问题，找到问题的解。在这节中我们介绍 J. B. Keller 的模型（参考文献[6.1]）。

【假定】

（1）运动员的冲力函数为 $f(t)$，其能发挥出的最大冲力是个常数 F。

（2）运动时，体内外的阻力与运动速度 $v(t)$ 成正比，阻力系数为 η。

（3）运动过程中，运动员体内能量 $E(t)$ 是连续函数，由两部分组成——储存能量和新补能量。储存能量初始值为 E_0，通过呼吸进行体内新陈代谢以常速 σ 得到新补能量，运动员消耗能量做功获取速度。

（4）运动员质量为 1，比赛距离为 D，运动时间为 T。

【建模】 先分析速度：由假定（4）和速度的定义知

$$D = \int_0^T v(t)\mathrm{d}t. \tag{6-4}$$

则问题转变为求速度 $v(t)$ 使得在赛跑距离 D 一定时，赛跑时间 T 取得最小值。该问题等价于求速度函数 $v(t)$ 使得在赛跑时间 T 一定时，赛跑的距离 D 取得最大值。

再分析力量：由假定（1）知

$$0 \leqslant f(t) \leqslant F, \quad t \in [0, T], \quad f(0) = F.$$

由牛顿定律和假定（2），有

$$v'(t) = f(t) - \eta v(t), \quad v(0) = 0. \tag{6-5}$$

最后分析能量：赛跑过程运动员的能量转换为动能，由假定（3），我们有

$$0 \leqslant E(t) \leqslant E_0, \quad E(0) = E_0,$$
$$E'(t) = \sigma - f(t)v(t) = \sigma - [v'(t) + \eta v(t)]v(t). \tag{6-6}$$

【解模】 我们把整个运动过程分成三个阶段：起跑阶段 $[0, t_1]$、坚持阶段 $[t_1, t_2]$ 和冲刺阶段 $[t_2, T]$，其中 $0 < t_1 < t_2 < T$ 待定，其速度分别记为 $v_i(t)$，$i = 1, 2, 3$。

初始阶段中,运动员用全力赛跑,$f(t) = F$,从 $v(t)$ 和 $E(t)$ 的微分方程式(6-5)和式(6-6)容易解出

$$v(t) = v_1(t) = \frac{F}{\eta}(1 - e^{-\eta t}), \quad t \in (0, t_1),$$

$$E(t) = E_0 + \left(\sigma - \frac{F^2}{\eta}\right)t + \frac{F^2}{\eta^2}(1 - e^{-\eta t}), \quad t \in (0, t_1). \tag{6-7}$$

由于在赛跑中,运动员的能量递减,即 $\sigma - \dfrac{F^2}{\eta} < 0$,又有 $E(0) > 0$,以及 $\lim\limits_{t \to +\infty} E(t) = -\infty$,我们可从连续函数的零点定理知道一定存在一个 $t_0 > 0$,使得 $E(t_0) = 0$。也就是说,在 t_0 时刻身体的能量耗完殆尽。如果 $t_0 > T$,运动员应该以最大冲力 F,即拼全力跑完全程。这就是短跑模式。此时全跑程只有起跑阶段 $t_1 = T$,并且

$$D_{\max} = \int_0^T v(t)\mathrm{d}t = \frac{F}{\eta^2}(e^{-\eta T} + \eta T - 1). \tag{6-8}$$

如果跑程超过 $D_{\max}$,则跑程进入下面两个阶段。我们先看冲刺阶段 $[t_2, T]$。假定此阶段运动员已经把全部储存能量用尽,而是依靠在坚持阶段获得的速度惯性来冲刺,即 $E'(t) = E(t) = 0, t \in [t_2, T]$。这样,由能量 E 和速度 v 的微分方程,我们有

$$0 = \sigma - [v_3'(t) + \eta v_3(t)]v_3(t),$$

重写这个方程,并解之,得

$$\frac{1}{2}\frac{\mathrm{d}[v_3^2(t)]}{\mathrm{d}t} + \eta v_3^2(t) = \sigma, \quad v_3(t_2) = v_2(t_2),$$

$$v^2(t) = v_3^2(t) = \left\{\left[v_2^2(t_2) - \frac{\sigma}{\eta}\right]e^{2\eta(t_2 - t)} + \frac{\sigma}{\eta}\right\}. \tag{6-9}$$

现在我们在坚持阶段找到最优的 $v_2(t), t \in (t_1, t_2)$,以及最佳转换时间点 t_1, t_2 使得跑程 D 最长。即求泛函

$$D[v(t)] = \int_0^{t_1} \frac{F}{\eta}(1 - e^{-\eta t})\mathrm{d}t + \int_{t_1}^{t_2} v_2(t)\mathrm{d}t$$

$$+ \int_{t_2}^T \left\{\left[v_2^2(t_2) - \frac{\sigma}{\eta}\right]e^{2\eta(t_2 - t)} + \frac{\sigma}{\eta}\right\}^{\frac{1}{2}}\mathrm{d}t \tag{6-10}$$

的最大值。

注意到，从 E 的微分方程式(6-6)可以直接求出

$$E(t) = E_0 + \sigma t - \frac{1}{2}v^2(t) - \eta \int_0^t v^2(s)\mathrm{d}s,$$

以及 $E(t_2) = 0$，即有

$$E(t_2) = E_0 + \sigma t_2 - \frac{1}{2}v_2^2(t_2) - \int_0^{t_1}\frac{F^2}{\eta}(1 - \mathrm{e}^{-\eta t})^2\mathrm{d}t - \eta\int_{t_1}^{t_2}v_2^2(s)\mathrm{d}s = 0.$$

$$(6-11)$$

我们要在条件式(6-11)下求泛函 $D[v_2(t)]$ 的极值，为此作辅助泛函

$$I[v_2(t)] = D[v_2(t)] + \frac{\lambda}{2}E(t_2)$$

$$= \int_{t_1}^{t_2}\left[v_2(t) - \frac{\lambda\eta}{2}v_2^2(t)\right]\mathrm{d}t + \int_{t_1}^{T}\left\{\left[v_2^2(t_2) - \frac{\sigma}{\eta}\right]\mathrm{e}^{2\eta(t_2-t)} + \frac{\sigma}{\eta}\right\}^{\frac{1}{2}}\mathrm{d}t$$

$$- \frac{\lambda}{4}v_2^2(t_2) + C,$$

这里 C 是与 $v_2(t)$ 无关的一些定量。

在 $I[v_2(t)]$ 的表达式中，第一项是 $v_2(t)$ 的泛函，后两项是数值 $v_2(t_2)$ 的函数。由欧拉(Euler)方程(见 6.6 节变分理论简介中的推导)有

$$\frac{\mathrm{d}}{\mathrm{d}v_2}\left(v_2 - \frac{\lambda\eta}{2}v_2^2\right) = 0,$$

$$\frac{\mathrm{d}}{\mathrm{d}s}\left\{\left.\int_{t_1}^{T}\left[\left(s^2 - \frac{\sigma}{\eta}\right)\mathrm{e}^{2\eta(t_2-t)} + \frac{\sigma}{\eta}\right]^{\frac{1}{2}}\mathrm{d}t - \frac{\lambda}{4}s^2\right\}\right|_{s=v_2^2(t_2)} = 0. \qquad (6-12)$$

解式(6-12)第一个方程，得

$$v_2(t) = v_2(t_2) = \frac{1}{\lambda\eta}, \quad t_1 \leqslant t \leqslant t_2. \qquad (6-13)$$

这样就得到了 $v(t)$ 的三段，现在我们只需要确定三个参数 t_1，t_2 和 λ。为此，由速度的连续性，$v_1(t_1) = v_2(t_1)$ 和式(6-7)解得

$$\lambda = \frac{1}{F(1 - \mathrm{e}^{-t_1\eta})}. \qquad (6-14)$$

解式(6-12)第二个方程,得

$$\int_{t_2}^{T} \left\{ \left[v_2^2(t_2) - \frac{\sigma}{\eta} \right] e^{2\eta(t_2-t)} + \frac{\sigma}{\eta} \right\}^{-\frac{1}{2}} v_2(t_2) e^{2\eta(t_2-t)} dt - \frac{\lambda}{2} v_2(t_2) = 0,$$

代入式(6-13)并整理得到

$$\lambda^4 \eta^4 - 4 \left[\eta^2 + \sigma\eta - \sigma\eta e^{2\eta(t_2-T)} \right] \lambda^2 - 4 \left[e^{2\eta(t_2-T)} - 1 \right] = 0. \quad (6-15)$$

由二次方程的理论,λ 有关于 t_2 的实解。再把式(6-13)代入式(6-11),得

$$E_0 + \sigma t_2 - \frac{1}{2\lambda^2 \eta^2} - \frac{F^2}{\eta^2} \left(t_1 \eta - \frac{3}{2} + 2e^{-t_1\eta} - \frac{1}{2} e^{-2t_1\eta} \right) - \frac{1}{\lambda^2 \eta} (t_2 - t_1) = 0.$$
$$(6-16)$$

联合求解式(6-14)、式(6-15)和式(6-16),就可求出 t_1, t_2 和 λ,从而可完全确定函数 $v(t)$(图6-10)。

【分析】 虽然我们通过模型得到了速度的公式解,但在公式中还包含着 σ, F, η 和 E_0 四个参数。这些参数需要通过具体的统计数据来确定。Keller 利用了当时的一批世界纪录来估计这些值后代入公式得到理论值,然后再与世界纪录进行比较(表6-2)。

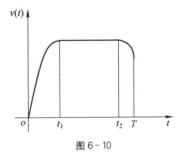

图 6-10

表 6-2　赛跑成绩的理论值和实际值的比较

赛　　程	世界纪录	理论成绩	相对误差(%)	起跑阶段	冲刺阶段
50 yd(码,1 yd=0.914 4 m)	5.1 s	5.09 s	−0.2		
50 m	5.5 s	5.48 s	−0.4		
60 yd	5.9 s	5.93 s	0.5		
60 m	6.5 s	6.4 s	−1.5		
100 yd	9.1 s	9.29 s	2.1		
100 m	9.9 s	10.07 s	1.7		
200 m	19.5 s	19.25 s	−1.3		

赛　　程	世界纪录	理论成绩	相对误差(%)	起跑阶段	冲刺阶段
220 yd	19.5 s	19.36 s	−0.7		
400 m	44.5 s	43.27 s	−2.8	1.78	0.86
440 yd	44.9 s	43.62 s	−2.9	1.77	0.86
800 m	1 min 44.3 s	1 min 45.95 s	1.6	1.07	1.08
880 yd	1 min 44.9 s	1 min 46.69 s	1.7	1.06	1.08
1 000 m	2 min 16.2 s	2 min 18.16 s	1.4	0.98	1.16
1 500 m	3 min 33.1 s	3 min 49.44 s	3.0	0.88	1.31
1 mile(英里，1 mile= 1 609.344 m)	3 min 51.1 s	3 min 57.28 s	2.7	0.87	1.34
2 000 m	4 min 56.2 s	5 min 01.14 s	1.7	0.84	1.43
3 000 m	7 min 39.2 s	7 min 44.96 s	1.2	0.8	1.6
2 mile	8 min 19.8 s	8 min 20.82 s	0.2	0.8	1.63
5 000 m	13 min 16.6 s	13 min 13.11 s	−0.4	0.77	1.82
6 mile	26 min 27 s	25 min 57.62 s	−3.1	0.75	2.1
10 000 m	27 min 39.4 s	26 min 54.1 s	−2.7	0.75	2.12

在起跑阶段速度公式显然适合于短跑的情况。因此用短跑纪录与由式(6-7)和式(6-8)计算出的理论数据作比较，用最小二乘法可获得 F 和 η 的值。同样，用中长跑的纪录和理论公式可拟合 E_0，σ 的值。Keller 给出了其参数估计值：

$$F = 12.2 \text{ m/s}^2 , \quad \eta = 1.121 \text{ s}^{-1} ,$$
$$E_0 = 2\ 403.5 \text{ m}^2/\text{s}^2 , \quad \sigma = 41.5 \text{ m}^3/\text{s}^2 .$$

【评价】 这个模型虽然没有证明这样分成三段使用能量为最优，而且在参数估计中没有将短跑和中长跑分开，但作为一个较简单的解决方案，这个模型在用数学解决体育问题方面进行了一个很好的尝试，为以后进一步科学研究体育运动进行了有益的开拓。

6.6　变分理论简介 *

【定义】　设 M 为函数类,若有法则,使在该法则之下,对 M 中的每一个元素都可以确定一个相应的数与之对应,则称该法则为 M 上的一个泛函,记为 $J[y(x)]$,而函数类 M 称为泛函 J 的定义域。

我们在这里感兴趣的是泛函的极值问题。

相比于微积分中"函数"的概念,泛函是以函数 $y(x)$ 为"自变量"在某法则下的"应变量"。对于这个"自变量"也同样要求有"定义域",即 $y(x)$ 有一定要求,那么这个"定义域"就是函数集合 M。

泛函取极值的方法,其思想来源于微积分取极值的方法。在微积分中,极值点的必要条件是其微分为零。那么相应于函数的微分,我们引进泛函的变分,即对作为"自变量"的函数的微小摄动的刻画。那么某泛函的极值,粗略地说,就是存在一个函数,关于这个函数,该泛函取得极大值或极小值。那么这个泛函对应于该函数的变分应该为零。从这个观点出发,我们可以找到寻求泛函极值的方法。前面讨论过的几个例子验证了这个思路。

现在我们来讨论几个基本类型的泛函。列出相应的方法思路和基本结果,但并不在理论上予以严格证明。有兴趣的读者可以进一步研读泛函和变分问题的专著。

1. 固定端点的简单泛函极值问题

考虑简单泛函

$$J_1[y(x)] = \int_{x_0}^{x_1} F(x, y, y') \mathrm{d}x, \tag{6-17}$$

其中,函数 $F(x, y, y')$ 是其自变量的连续函数。

$$y \in M = \{y(x) \mid y(x_0) = y_0, \ y(x_1) = y_1, \ y \in C^1[x_0, x_1]\},$$

问题是在 M 中求 $y_1^*(x)$,使得泛函 $J_1[y_1^*(x)]$ 为极大值或极小值。

如前,为此定义

$$\begin{aligned}
\Phi_1(\alpha) &= J_1[y_1^*(x) + \alpha \eta(x)] \\
&= \int_{x_0}^{x_1} F[x, y_1^*(x) + \alpha \eta(x), y_1^{*\prime}(x) + \alpha \eta'(x)] \mathrm{d}x,
\end{aligned}$$

这里，$y_1^*(x)+\alpha\eta(x)\in M$，$\alpha$ 是常数，$\eta\in C^1[x_0,x_1]$，$\eta(x_0)=\eta(x_1)=0$。

由函数取得极值的必要条件 $\left.\dfrac{\mathrm{d}\Phi}{\mathrm{d}\alpha}\right|_{\alpha=0}=0$，但

$$\frac{\mathrm{d}\Phi_1}{\mathrm{d}\alpha}=\int_{x_0}^{x_1}\big[F_y(x,\ y_1^*+\alpha\eta,\ y_1^{*\prime}+\alpha\eta')\eta(x)$$
$$+F_{y'}(x,\ y_1^*+\alpha\eta,\ y_1^{*\prime}+\alpha\eta')\eta'\big]\mathrm{d}x,$$

对第二项进行分部积分，注意到 η 的边值条件，并令 $\alpha=0$，得

$$\int_{x_0}^{x_1}\left[F_y(x,\ y_1^*,\ y_1^{*\prime})-\frac{\mathrm{d}}{\mathrm{d}x}F_{y'}(x,\ y_1^*,\ y_1^{*\prime})\right]\eta(x)\mathrm{d}x=0.$$

由 η 的任意性和被积函数的连续性，就有

$$F_y-\frac{\mathrm{d}}{\mathrm{d}x}F_y{}'=0, \tag{6-18}$$

或者

$$F_y-F_{xy'}-F_{yy'}y'-F_{yy'}y''=0. \tag{6-19}$$

这是一个二阶常微分方程。由于其解端点固定，且一定在 M 内，所以它满足边界条件：$y(x_0)=y_0$，$y(x_1)=y_1$。从而固定边界的简单泛函极值问题可转换成一个二阶常微分方程的边值问题。通过这个边值问题的求解可得变分问题的解。式(6-18)和式(6-19)也被称为式(6-17)的欧拉方程。

2. 固定端点的简单泛函的条件极值问题

在前面讨论的固定端点的简单泛函问题，这里考虑其解 $y(x)$ 还要满足如下附加条件：

$$\int_{x_0}^{x_1}G[x,\ y(x),\ x,\ y'(x)]\mathrm{d}x=L. \tag{6-20}$$

如同条件极值，泛函条件极值问题也可用拉格朗日(Lagrange)乘数法加以解决。为此作辅助函数

$$F^*(x,\ y,\ y')=F(x,\ y,\ y')+\lambda G(x,\ y,\ y'),$$

其中 λ 为引入的待定常数。考虑辅助泛函

$$J^*[y(x)] = \int_{x_0}^{x_1} F^*(x, y, y') \mathrm{d}x,$$

得到的使泛函 $J^*[y(x)]$ 取极值的函数 $y^*(x)$ 即为固定端点的简单泛函问题在条件式(6-20)限制下的解。

如果附加条件是

$$G[x, y(x), x, y'(x)] = 0, \qquad (6-21)$$

同样,我们用拉格朗日算子,不过这次是用拉格朗日函数算子作辅助函数

$$F^{**}(x, y, y') = F(x, y, y') + \lambda(x)G(x, y, y'),$$

以及新的辅助泛函

$$J^{**}[y(x)] = \int_{x_0}^{x_1} F^{**}(x, y, y') \mathrm{d}x.$$

此时,欧拉方程成为如下欧拉-拉格朗日方程组:

$$F_y^{**} - \frac{\mathrm{d}}{\mathrm{d}x} F_{y'}^{**} = 0,$$

$$F_\lambda^{**} - \frac{\mathrm{d}}{\mathrm{d}x} F_{\lambda'}^{**} = 0.$$

上面的第二个方程就是条件式(6-21)。求解这个联立方程组就可以得到固定端点的简单泛函问题在条件式(6-21)限制下的解。

3. 变分不等式

变分不等式是一类非线性问题,与自由边界问题关系密切。我们在本节里讨论一个简单的变分不等式。

考虑变分问题:

求 $y_2^*(x) \in M_g$,使得

$$J_2[y_2^*(x)] = \inf_{y \in M_g} J_2[y(x)],$$

这里,

$$J_2[y(x)] = \int_0^1 |y'|^2 \mathrm{d}x,$$

以及

$$M_g = \{f(x) \mid f(x) \in C^1[x_0, x_1], f(x_0) = y_0, f(x_1) = y_1, f(x) \geqslant g(x)\},$$

其中，$g(x) \in C^1[x_0, x_1]$，$g(x_0) \leqslant y_0$，$g(x_1) \leqslant y_1$。

我们考虑这个泛函的极值问题，可以参考我们在 6.3 节中考虑两点间直线距离最短的问题时所用的方法。那时我们假定极值函数 $y_2^*(x)$ 存在，然后构造了一个关于这个极值函数摄动的新泛函，然后利用微积分极值函数的必要条件对摄动参数求导并令其为零，从而推导出一个微分方程。对于我们现在这个泛函问题，对于函数的定义域 M_g 比原来的 M 有了更多的限制。M 是函数空间 $C^1[x_0, x_1]$ 的开集，而 M_g 是 M 的一个子集，并且是一个闭凸集。于是我们在用同样方法时，要考虑到这个特殊性。为此，如前定义

$$\Phi_2(\alpha) = J_2[y_2^*(x) + \alpha\eta(x)],$$

这里，注意 $\eta \in C^1[x_0, x_1]$，$\eta(x_0) = \eta(x_1) = 0$，$\eta(x) \geqslant 0$，并且 $\alpha \geqslant 0$，以保证 $y_2^*(x) + \alpha\eta(x) \in M_g$。所以 $\Phi_2(\alpha)$ 在 $\alpha = 0$ 点取得极小值的必要条件是

$$\Phi_2{}'(0) \geqslant 0.$$

具体写出来就是

$$\int_{x_0}^{x_1} y_2^*{}'(x)\eta'(x)\mathrm{d}x \geqslant 0.$$

注意到 η 在两个端点的零值，通过分部积分，就有

$$-\int_{x_0}^{x_1} y_2^*{}''(x)\eta(x)\mathrm{d}x \geqslant 0.$$

由 η 的非负性和任意性，从而得到几乎处处有 $-y_2^*{}''(x) \geqslant 0$。另一方面，$y_2^*(x) \in M_g$，所以 $y_2^*(x) - g(x) \geqslant 0$。并且当某点 $x_2 \in (x_0, x_1)$，$y_2^*(x_2) - g(x_2) > 0$，则存在 x_2 的小邻域 δ_{x_2}，在这 δ_{x_2} 上 $y_2^*(x) - g(x) > 0$ 仍然成立。取 $\eta_{x_2}(x)$ 的支集在这个小邻域 δ_{x_2} 内，当 α 充分小时，η_{x_2} 的非负性限制可以取消，而 $y_2^*(x) + \alpha\eta_{x_2}(x) \in M_g$ 在小邻域里仍然成立。而且，关于这样的 η_{x_2}，$\Phi_2{}'(0) = 0$，即

$$\int_{\delta_{x_2}} y_2^*{}''(x)\eta_{x_2}(x)\mathrm{d}x = 0.$$

由 η_{x_2} 在 δ_{x_2} 内的任意性，推出当 $x = x_2$ 及其附近

$$y_2^{*\,\prime\prime}(x)=0.$$

所以本节的泛函问题的解就是下列两可问题的解：

寻找 $u(x)\in C^1[x_0,x_1]$，使得

$$\begin{cases} u(x)-g(x)\geqslant 0,\quad -u''(x)\geqslant 0,\\ [u(x)-g(x)][-u''(x)]=0,\\ u(x_0)=u(x_1)=0, \end{cases}$$

或者

$$\begin{cases} \min\{u(x)-g(x),-u''(x)=0\}=0,\\ u(x_0)=u(x_1)=0. \end{cases}$$

事实上，这两个问题是等价的，而且解在 $C^1[x_0,x_1]$ 中存在唯一。

在推导过程中，对于给定的函数 y_2^*，我们碰到一个定义在 $C_0^1[x_0,x_1]$ 上关于函数 $\eta(x)$ 的泛函式子：

$$I[\eta(x)]=\int_{x_0}^{x_1}[y_2^{*\,\prime}(x)]\eta'(x)\mathrm{d}x\geqslant 0,$$

这里 $[C_0^1[x_0,x_1]]^+$ 表示所有 $C^1[x_0,x_1]$ 上并且在两个端点上取零值的非负函数集合。

更一般地，当泛函问题被限制在一个泛函空间的闭凸集上，则变分方程成了变分不等式：

$$I^*[\eta(x)]\geqslant 0.$$

进一步的研究涉及更多的数学知识，有兴趣的读者可研读相应的专著，例如参考文献[6.2]。

6.7　习题

1. 观察鱼在水中的运动，可发现鱼的游动路线并不是水平的，而是锯齿状地周期性上下游动。在一个周期内鱼先向上游动，然后再向下滑行（图 6-11），我们有理由认为，鱼是在长期进化过程中选择到的这种游泳方式是消耗能量最小的运动

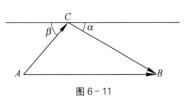

图 6-11

方式。

（1）试列出鱼游过这段消耗能量关于游动路线的泛函表达式。

（2）试证明：当鱼从 A 运动到同一水平的 B 时，沿折线 ACB 运动时所消耗的能量与沿水平线所消耗的能量之比为（设向下滑行时不消耗能量）

$$p = \frac{k\sin\alpha + \sin\beta}{k\sin(\alpha + \beta)},$$

这里，k 是游动阻力与滑动阻力之比。

（3）从经验观察到 $\tan\alpha \approx 0.2$，试对 $k=1.5$ 和 2.3 各值，根据消耗能量最小原则，估计最佳的 β 值。

提示：假设鱼总是以常速游动的，鱼在向下靠重力滑行运动时的阻力是运动方向的分力，而鱼在向上游动时所付出的力是重力在运动方向的分力与游动所受阻力之和。

2. 讨论障碍问题如图 6-12 所示，将一根弦紧绷在一个已知的障碍物上，两端固定。

（1）求满足条件最短弦的长度。

（2）写出关于所有两端固定并越过障碍弦的势能泛函，以及求势能极小的问题；求解这个变分问题，并比较与（1）的结果。

（3）进一步讨论多维的情形，即一张薄膜撑在障碍上的能量泛函的变分不等式。

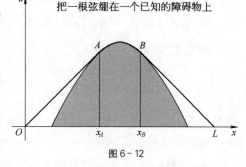

图 6-12

3. 在一个球面上求两点之间的最短距离。

4. 一个旅行者背着定量的粮水上路，路上没有补充。已知粮水提供给旅行者的能量为一个单调上升的凸函数，安排粮水使用方案使得旅行者行程最远。进一步讨论，如果粮和水提供给旅行者的能量是不同的函数，那么旅行者应该如何分配携带？又如何使用粮水为最佳？

5. 有一鱼塘，初始鱼量为 Y_0，鱼的增长遵照人口阻滞模型，养鱼的鱼食投放量与鱼量成正比。鱼塘每周按合同以价格 p 供应市场的鱼量为 M。超出部分鱼的市场售价为 q，$q \neq p$。试安排鱼的出塘计划使得鱼塘获益最多。

6. 一个采血站每天向血库供应采集时间不超过两周的新鲜血源。每月的定额为 D。血库希望这个定额血站可以基本平均完成，于是规定每天收到的血源不能少于 $\dfrac{D}{60}$。采血车每出动一天最多可以完成采血 $\dfrac{D}{10}$，费用为关于采血量 t 的凸函数 $f(t)$，其中 $f(0)>0$ 为固定的出车开销。保存血源需要的费用为存血量的正比函数，比例系数为 c。血站应该如何安排采血计划，使得在最少费用下完成采血任务？

7. 有个半导体元件厂生产二极管。为确保质量进行产品检验。估计有 0.3% 的次品率，要求出厂前全部检出。检验的成本每个单品检验是 5 分钱，但也可以群组检验，成本是 $4+n$ 分钱。在群组检验中，如果合格，则全体通过，如果不合格，则要对该群组的产品重新进行单个检验，找出不合格品。问设计怎样的方案进行检验，使得检验成本最低。

8. 珍珠饲养场打算引进一种新的种植珍珠的方法。已知用老的方法植珠，珠蚌成活率为 60%。而成活的蚌体，可产一类珠的蚌体只有 10%。采用了新的方法，成活率下降到 50%。但产量增加了 10%，可产一类珠的蚌体也增加到 20%。假定一类珠与其他类珠的出售比价为 K $(K>1)$，问：

(1) 在什么情况下引进新的方法可以增加效益？

(2) 如果考虑引进新的方法有 1% 失败（即绝收）的可能性，那么引进条件是什么？

(3) 后来发现，用新方法实施种植的时间与产量有关系，即如果和老方法同样的时间实施新方法，得到的效果如上；以后实施，成活率随时间线性递减而一类珠蚌体比例线性递增，速率分别为 a 和 b。如果新方法可实施，不考虑失败可能性，研究新方法的最佳实施时间。

(4) 讨论参数 a，b 和 K。

第 2 篇

数学建模的相关问题

如前所说,数学建模从来不是一个简单的解数学题的过程,而是一个从审题开始,通过调研、分析、探试、计算,到成文和报告的全过程。所以,各方面的综合能力决定了数学建模的质量。建模的步骤可以简单表示如下。本篇中,我们会对各步骤逐一介绍。

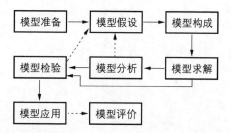

这个过程可以看成是客观到主观,再回到客观,最后再到主观的一个主观和客观互动的过程。

在学习过程中,学生要转变的是"交作业"心态。这种心态下,认为题目是老师给的,做出来的东西也是给老师看的,老师是知道问题的背景和结果的,从而写出来的东西无头无尾。这种心态是写建模文章的一大忌。要克服这种心态,论文和演讲的基点是要假定阅读论文和听报告的人并不了解你的工作,要使他们通过阅读你的论文或者听了你的演讲才对你的问题产生兴趣,并接受你的结论。只有这样才能提高论文和演讲的质量,使自己的工作在众多参与者中脱颖而出。

在这篇中,我们将数学建模过程相关的一些辅助问题的心得和读者进行分享,并简单介绍相关的一些数学建模竞赛。

第7章
资料查询、数据处理、公式编辑、图表制作及其他应用软件

资料查询、应用软件、处理数据、绘制图形和编辑成文是数学建模的重要组成部分。在计算机技术突飞猛进发展的今天,好的数学建模是离不开计算机这个重要工具的。在第1篇,我们已经对各章的各种方法可以用的计算软件作了介绍(图7-1)。本章中,我们将进一步就计算机用于成文中所遇到的数据处理、公式编辑和图表制作等辅助软件进行介绍,同时我们还介绍数学建模评价的一些标准和论文。

图 7-1

7.1 资料查询

拿到要研究的题目后的第一件事就是查询资料。

查资料有如下的目的:

(1) 熟悉所研究问题的背景。

(2) 学习相关的知识。

(3) 了解别人在这个领域已经做出的工作。

查资料的途径主要有请教专家、图书馆查阅、网络搜寻。现在是一个信息爆炸和泛滥的时代,搜索者往往面对的是一个对大家开放的、良莠不齐的、杂

乱无章的巨大仓库。怎样从这个仓库里的东西分门别类、去粗取精、去伪存真，发掘出宝，找到自己所需要的资料，是建模必须具备的搜寻能力。而这种能力的高低直接影响到建模论文的质量。

7.2　数据的搜集和处理

在建模过程中，我们常会与各种数据打交道，数据有两种：实际数据和模拟数据。模拟数据主要是计算机由模型产生。相比采集实际数据，得到模拟数据成本小、效率高，但没有实际数据权威。模拟数据只有和实际数据接近时才有生命力。

数据在建模的主要用途有：

（1）从现存的大量实际数据中找出规律，挖出所含信息。例如，从股市的报价数据找出股票的期望收益、波动率等信息。

（2）根据需要，采集数据估计我们所建的模型的参数。例如，人口普查得到数据修正人口模型参数。

（3）用模拟仿真数据比较实际数据进行模型检验。例如，孟买瘟疫的实际数据用来比较传染病模型所产生的模拟数据以检验传染病模型。

处理数据有下面几个步骤：

第一步：分析数据。面对数据，首先要搞清楚数据的来源是否可靠，数据的采集是否方便，数据量与模型需要量有什么差距，数据中哪些部分是有用的。

实际数据的来源一般有下面几种途径：

（1）原始客观记录，第一手资料。对第一手资料就要看采集过程中是否忠实、认真、仔细、全面地记录。如建模文章中使用的是这类数据，则应该说明数据的采集方式。

（2）主动收集，如社会调查、物理实验。主动收集是要事先根据需要设计，以保证最大限度地得到所需的客观数据。如社会调查就要用设计问卷和抽样本的方式，如实验就要设计实验方案、场地、器材等，还要准备一定的经费支付调查、实验仪器等所要的各种开销。

（3）文献、报告等第二手资料。从文献中来的数据要说明出处并在参考文献中注明原文献的资料。第二手资料来的数据还包括可以购买的数据公司所拥有的数据,如金融数据公司的金融数据。网上也可以查到大量的数据,但这些数据根据不同的网站有不同的可信度,真假混淆,要认真鉴别。一般官方网站的数据比较可靠,而从其他网站、BBS、聊天得来的数据要谨慎引用。如果加以引用,一定要说明出处,最好有第二个来源佐证。

第二步:处理数据。根据目的处理数据,或使用统计工具挖掘数据信息、分析数据性质,或代入模型反求、确定模型参数,或与模拟数据比较。具体怎么处理数据要根据不同的建模需求而相应处理,其部分方法已在第 1 篇各章里已有了介绍。许多统计软件包如 SAS, SPSS 和 Excel 都可以达到不同的统计目的。这些软件本章 7.8 节有简单介绍。读者也可以进一步参阅书后列出的相关参考文献或访问软件包的官方网站。

在建模论文中,数据的说明通过制表表现。在各种编辑软件中,都有制表的功能。一般的数学建模的论文,这些制表工具已经足够。但在一些更高的要求下,需要用到数据库的技巧。数据库技术是一门专门的处理数据的技术。通过这种技术可以方便地调用和储存数据。有兴趣的读者可以通过相关的数据库专著学习数据库技术。

7.3　数学公式编辑

数学式子书写的通行软件一般有 TeX/LaTeX 系列和 MathType。

TeX 是由图灵奖得主 Donald E. Knuth 在 20 世纪 70 年代为了探索出版工业的数字印刷设备的潜力,扭转排版质量下降的趋势所编写的排版系统引擎,用于文章和数学公式的排版。后来经过不断改进,TeX 成为一个优秀的排版软件,具有强大的输入、排版和修改功能,尤其适合数学论文的排版,是公认的数学公式排得最好的系统。许多数学期刊都只接受 TeX 稿件。很多一流的出版社都用 TeX 排版数学书。LaTeX 是基于 TeX 之上的一个宏包集,其他的宏包集还有 PlainTeX,AMSTeX 等。目前大部分人们使用的 TeX 系统都是 LaTeX 宏包。LaTeX 中每个数学符号都有语句定义,其文本可以连贯输入。文档编辑完成后,再经过软件运行便得到带数学式子的文章版本。

在一个充斥着"所见即所得"桌面出版软件的现状下,TeX 的流行有点不可思议。但是,TeX 的确有其优势所在:

(1) 高质量的输出:排版效果整齐漂亮。

（2）超常的稳定性：自从 TeX 面世以来，只有微小改动。稳定性还体现在 TeX 系统极少崩溃，可在内存很小的状态下工作，并可处理大文件。

（3）高度灵活：TeX 是一种宏命令编程语言。可用很少的命令来完成非常复杂的工作。也可以重新定义 TeX 的所有命令来得到特殊的效果。它也支持多种语言和各种复杂的符号。

（4）简单方便：TeX 文档是 ASCII 码的文本文件。文本易懂并占用很少的存储空间，可以很方便地用 E-mail 来传送文件。

（5）价格低廉：TeX 是免费软件，它的源程序也是免费的。有很多 TeX 免费软件如 teTeX，mikTeX，fpTeX 等，中文 TeX 有 CTeX。还有很多免费的技术支持。

（6）通用性好：TeX 几乎可在所有计算机操作系统平台上实现。TeX 的源文件可在不同的平台间自由交换，而且输出是完全相同的。这给交流合作提供了极大的方便。

TeX 的缺点有：

（1）入门不是很容易，提高也不是很简单。但你可以边学边用。

（2）编辑不是所见即所得的。

（3）找错纠错不是很方便。

读者可以从 http://www.ctex.org/上下载最新的中文 TeX 套装，Windows 用户和 Linux 用户可分别下载 CTeX 套装和 TeXlive 来安装。CTeX 的编辑系统为 WinEdt，是一个很好的分享软件，有个免费的试用期。读者可同时下载一个相应 TeX 的示范文档并结合帮助文件修改、应用于自己所要编写的文档上，并且一边编译，一边学习。

相对于 TeX，MathType 是一个所见即所得的数学公式编辑器。由于其功能比 Word 带的公式编辑器大得多，所以可加在微软的 Word 上应用打出数学式子，比较容易上手，但输入不能连贯，也不容易写出规范整齐的数学式子，初学者往往不能把数学式子和正文协调好。

7.4　绘图

我们这里讲的绘图，不是指普通意义下，拿着画笔画画，而是指论文插图。这里主要有两层意义：一是普通的示意图；二是指将数据和计算结果用直观的形式呈现给读者。由于图片传达的信息要大大多于文字所传达的信息,所以善用图片非常有利于说服读者接受你论文的观点,也大大加强了文章的可读性。

对于第二种意义下的绘图,许多数学软件都有这样的功能。其中,Matlab的绘图功能是十分强大的。这也是 Matlab 这款软件的优点之一。它的基本用法是将所要绘画的数据写成两个同维向量 x 和 y,然后用命令 plot(x, y)。具体还有很多参数可调节坐标、颜色、形式、方向、文字说明等绘图结果。三维的绘图就更复杂些。提高绘图能力,为你的论文画几张抢眼的图片,会使你的论文大大增色。本章 7.6 节有关于 Matlab 的简单介绍。想进一步提高的读者可参阅相应的参考文献(如参考文献[7.1],[7.2])。

对于第一种普通意义下的绘图,有大量的绘图软件可以选择,读者可以使用顺手的软件如 Windows 附件里带的画图软件,画完后用通用的格式如 jpg 插入文档。对于示意图的描绘,要注意的是,简洁清楚能达到目的就行,不要搞得花里胡哨,那样反而有副作用。

7.5　制表

制表的目的有两个:

(1) 罗列收集的数据备查。这些数据往往很庞大,除非是非常重要的数据,一般把它们归入附录,但必须在正文中加以说明。

(2) 显示计算结果。这是计算结果的另一种表述,相比于图像结果表述,优处是应用方便,劣处是感觉不直接。

几乎所有的编辑工具都具有制表的功能,应用较为广泛的是微软的 Excel。读者可以选择自己顺手的软件使用,但要注意的是,应该尽量使用通用软件,对不大通用的软件,制表后用图形插入文档,以防提交的文档在别人的电脑里不能正确地显示。

7.6　数学软件 Matlab 简介

随着计算机技术的日益发展,各种数学软件包也应运而生。所以在数学建模中，数学软件包也成为强大的工具。忽视这样的工具，或者不能紧跟先进的计算机技术在今天的数学应用中必然落伍。这节我们主要介绍 Matlab。

Matlab，全称为 Matrix Laboratory，即矩阵实验室，是现今流行的一个功能强大的科学与工程计算软件。Matlab 由美国 MathWorks 公司出品，20 世纪 70 年代它被用来提供 Linpack 和 Eispack 软件包的接口程序，用 C 语言编写。20 世纪 80 年代后出现 3.0 的 DOS 版本，以后一路飞扬，逐渐成为重要的科学计算的视图交互系统和程序语言。Matlab 可以运行在十几个操作平台上，比较常见的有基于 Windows 9X/NT，OS/2，Macintosh，Sun，Unix，Linux 等平台的系统。它不仅能处理一般科学计算中碰到的各种问题，如数值分析、数值和符号计算、工程与科学绘图、控制系统的设计与仿真等，也拥有其他一些专业的功能，如自动控制、信号处理、神经网络、图像处理和财务金融等多种问题。高等数学和线性代数等其他一些基础课程中的问题，都可使用该软件直接进行求解。Matlab 中使用的命令格式与数学中的符号、公式非常相似，因而使用方便，易于掌握。Matlab 的计算环境是集成的，可用于新算法开发测试、数据可视化、数据分析以及数值计算的高级技术计算，还包含了仿真功能的 Simulink 工具箱。

在科学研究、工程应用和实践教学中，往往要进行大量的数学计算，其中包括矩阵运算等。这些运算一般来说都难以用手工精确、快捷地完成，而通常是借助特定的计算机程序来完成相应的计算功能，目前流行的编程语言有Basic，Fortran 和 C 语言等。对于大多数科学工作者来说，既需要掌握本专业的相关知识，还需要熟练地掌握编程语言，这无疑具有一定的难度。编制程序也是繁杂的工作，不仅消耗人力与物力，而且影响工作进程和效率。Matlab 可以有效地解决上述矛盾。因此，Matlab 也是数学建模必备工具之一。

Matlab 的计算环境是集成的，可用于新算法开发测试、数据可视化、数据分析以及数值计算的高级技术计算。Matlab 程序主要由主程序和各种工具箱组成，其中主程序包含数百个内部核心函数，也包含有很多基础功能的工具箱，如矩阵运算、符号计算、字符串处理等，还包含了图像处理、最优化、微分方程、信号处理、统计、仿真等工具箱。它还有一套帮助文件，详细介绍从使用入门到各专题的应用。

Matlab 提供了一个集图形功能、人机交互功能等于一体的集成计算环境，以各项基础的或者专业的功能函数组成工具箱的形式给出了其内部的算法，并以一定智能的方式大量减少了用户选择算法的麻烦。它以矩阵作为基本数据单位,在应用线性代数、数理统计、自动控制、数字信号处理、动态系统仿真方面已经成为首选工具,同时也是科研工作人员和大学生、研究生进行科学研究的得力工具。Matlab 在输入方面也很方便,可以使用内部的 Editor 或者其他任何字符处理器,同时它还可以与 Word 结合在一起,在其页面里直接调用软件的大部分功能,使 Word 具有特殊的计算能力。

　　Matlab 的集成系统界面包含了几个主要窗口和一些按钮。最重要的窗口是命令窗口,这儿也是用户输入命令让 Matlab 系统执行的主要场所。所有命令都在提示符＞＞后输入并得到执行,Matlab 会返回执行结果或者给出程序出错的警告。

　　Matlab 提供了一个包含有许多实例等丰富资源的帮助系统,可以用 help或者 doc 查询,查找相同名字的工具箱或者内部函数;若是不能确定其拼写,也可以用部分确定的写法以 lookfor 命令查阅。用户也可以建立自己的函数,甚至是工具箱。Matlab 的函数都以 m 为后缀,称为 m 文件。直接把执行命令放置到 m 文件中,可以得到脚本文件;执行时,仅需要在命令行输入脚本文件的名字(不需要后缀),就可以执行其中的各行语句。

　　Matlab 的 m 文件还有另外一种形式,称为函数文件。函数文件的关键字是 function,函数头格式为

```
function [out1,out2,...] = fun(in1,in2,...)
```

其中, fun 称为函数名并与文件名(不含后缀)同名; in1,in2 等为输入变量列表,以圆括号括住,out1, out2 等为输出变量列表,以方括号括住。若没有输入变量或仅有一个输出变量,则对应括号可省略,甚至没有输出变量时可省略方括号及等号。

　　Matlab 的重要特点是向量功能。大部分 Matlab 的内部函数都有向量功能,一些以函数为变量的工具箱函数,也要求提供的函数有向量功能。例如,

```
>> x = 1:5
x =
    1    2    3    4    5
>> y=exp(x)
y =
    2.7183  7.3891  20.0855  54.5982  148.4132
```

定义了一个 5 个分量的向量 x, y 的每个分量是 x 对应分量的指数函数值。线性代数中的向量各运算都可以直接进行,例如 x+y, 3 * x 是向量相加和数乘向量。Matlab 还允许数和矩阵进行其他四则运算,结果是数和矩阵各元素进行相同的四则运算。例如,

```
>> A = [2 3; 4 5]
A =
    2    3
    4    5
>> 3 - A
ans =
    1    0
   -1   -2
```

若需要向量的各个分量进行某种运算,通常是乘、除或者乘方,可以以点运算的方式进行(加减法已有定义,不需点运算),例如,对于上面两个向量,有

```
>> x.^2.* y
ans =
1.0e +003 *
    0.0027    0.0296    0.1808    0.8736    3.7103
```

上述显示表示 10^3 乘上向量的 5 个分量。这 5 个值实际上也就是函数 $f(x) = x^2 e^x$ 在 1~5 的 5 个值。建立这样一个有向量功能的函数,可以用函数文件

```
function y = h(x)
    y = x.^2 .* exp(x);
```

后面的分号代表不显示运算结果。也可以采用内联_(inline)_函数的形式:

```
g = inline('x.^2.* exp(x)');
```

Matlab 的内部函数很多需要提供函数有向量功能,例如,命令 quadl 可以用来计算积分,命令 v=quadl(f, a, b),f 为输入的被积函数,a, b 分别为积分下限和上限。则积分 $\int_0^1 x^2 e^x \mathrm{d}x$ 可以如下书写:

```
>> quadl(@ h,0,1)
```

或者

```
>> quadl(g,0,1)          % 内联函数不需要前面的@
```

其中,% 为注释符,运行时 Matlab 会跳过其后的内容。若去掉 h 或者 g 定义中点运算的点,则计算函数的单个函数值时正确的,但函数没有向量功能,用函数 quadl 调用时会报错。Matlab 中许多内部函数都有这些要求。

Matlab 的画图功能是该软件的一大特色。若要画出函数 $f(x) = x^2 e^x$ 在区间 [−1, 1] 上的图像,可以采用如下命令:

```
>> x = linspace(-1,1,100);
>> y = f(x);
>> plot(x,y,'r-');
```

其中,命令 linspace 建立 [−1, 1] 区间上的 100 个 99 等分点,plot 画出以向量 x, y 的各对应分量为坐标的点,并把它们连成红色折线。Matlab 还可以画三

维图像,包括等高线图、三维曲线图和曲面图。这些画图命令还包含非常多的画图选项,没有特殊需要可以不必写这些选项,Matlab 会自行选择画图方式。

Matlab 系统还可以读写不同格式的数据文件,包括文本数据文件和系统格式数据文件(以 mat 为其后缀),也可以对 Excel 文件和 SQL 数据库进行操作。

Matlab 还可以和其他一些计算及编程语言进行混合编译,例如 C 语言,Fortran,VC 等,这样可以把 Matlab 的功能和其他计算平台的功能整合在一个统一的结构内。

Matlab 的学习需要充分实践,多编程才能熟能生巧。Matlab 的版本也在不断更新,使用者需要不断跟进。读者可以参考参考文献[7.9],[7.10]以及最新的参考书。Matlab 的官方网站 http://www. mathworks. com/。

Matlab 的缺点是运算比较慢,在一般建模问题可以满足要求,但如涉及大型运算就需要采用其他手段了。

7.7　其他数学软件包简介

除了 Matlab,比较流行和著名的数学软件还有三个：MathCAD，Maple 和 Mathematica。它们在各自针对的目标都有不同的特色。MathCAD 是美国 Mathsoft 公司推出的一个交互式的数学软件,集文本编辑、编程、计算和仿真于一体。其主要特点是输入格式较符合人们的习惯,采用所见即所得的界面,特别适合一些较简单的计算。Maple 是由 Waterloo 大学开发的数学系统软件,它不但具有精确的数值处理功能,而且具有强大的符号计算功能。Maple 需要按照规定的格式采用字符行输入方式。输出则可以选择字符方式和图形方式,图形结果可剪贴到 Windows 应用程序内。Mathematica 是由美国物理学家 Stephen Wolfram 领导的 Wolfram Research 开发的数学系统软件。它拥有独立于 Maple 的强大的数值和符号计算能力。Mathematica 的基本系统是用 C 语言开发的,可以容易地移植到各种平台上,但它对于输入形式有比较严格的规定,用户必须按照系统规定的数学格式输入,系统才能正确地处理。Mathematica 和 Maple 功能都很强大,互为竞争对手。

四种数学系统软件包的比较：如何选用数学软件倚赖于用户的目的、能力、计算机水平和习惯。对一般的计算和普通用户日常使用,可选输入界面友好的 MathCAD。如果要求计算精度、符号计算和编程方面的话,可以选用 Maple 和 Mathematica,它们在符号处理方面各具千秋,互为补偿。如果要求进行矩阵方面或图形方面的处理,则选择 Matlab,它的矩阵计算和图形处理方面则是它的强项,在数值和符号运算上可以满足一般的要求。目前我们的学生较多地采用 Matlab。

线性规划软件包比较:数学建模中常用的软件还有 Lingo,Lindo,Excel 等。Lingo 和 Lindo 是最优化的专业软件,强于求解优化问题,不仅是其求解能力强大,而且界面简洁,用户只需要输入优化模型即可,系统能够自行挑选合适的算法。习惯于微软系列的读者,应用 Excel 也是个不错的选择。

其他软件包:ANSYS 是有限元方法的专业软件,可应用于各种工业领域,分析各种结构、流体、场等对象,能够与多数 CAD 软件接口,实现数据共享。还有很多专门的软件包对某些计算有特长,这里就不一一介绍了。软件包的发展也是日新月异,读者需要经常学习,时时紧跟。

7.8 统计软件包简介

我们这里主要介绍 SAS 和 SPSS。

SAS 系统全称为 Statistics Analysis System,即统计分析系统。这个系统最早由北卡罗来纳大学的两位生物统计学研究生编制。作者于 1976 年成立了 SAS 软件研究所,正式推出了 SAS 软件。SAS 是用于决策支持的大型集成信息系统,但该软件系统最早的功能限于统计分析,至今,统计分析功能也仍是它的重要组成部分和核心功能。经过多年的发展,SAS 已被全球 113 个国家的 45 000 多家客户采用,其中包括全球 500 强企业前 100 家企业中的 91 家。在英、美等国,能熟练使用 SAS 进行统计分析是许多公司和科研机构选才的条件之一。在数据处理和统计分析领域,SAS 系统被誉为国际上的标准软件系统,堪称统计软件界的巨无霸。在以苛刻严格著称于世的美国 FDA 新药审批程序中,新药试验结果的统计分析规定只能用 SAS 进行,其他软件的计算结果一律无效!哪怕只是简单的均数和标准差也不行。由此可见 SAS 的权威地位。再看,纵览从 1992 年开始的 17 年内的全国大学生数学建模比赛本科组 34 道题目,其中有 50% 也就是 17 个赛题的解决方法涉及概率统计,换句话说几乎至少每年有 1 题和概率统计有关。可见掌握 SAS 对做好数学建模起着重要的作用。

SAS 系统是一个组合软件系统,它由多个功能模块组合而成。其核心部件是 Base SAS 模块,它负责数据管理、交互应用环境管理,进行用户语言处理,调用其他 SAS 产品。Base SAS 对 SAS 系统的数据库提供丰富的数据管理功能,还支持用标准 SQL 语言对数据进行操作。Base SAS 能够制作从简单列表到比较复杂的统计报表和用户自定义的式样的复杂报表。Base SAS 可进行基本的描述性统计及变量间相关系数的计算,进行正态分布检验等。同时它还支持长数据名,并具有强化了的 Web 功能。

SAS 系统具有灵活的功能扩展接口和强大的功能模块,在 Base SAS 的基础上,其他常用的模块还有 SAS/STAT,SAS/GRAPH,SAS/ETS ,SAS/INSIGHT,SAS/ASSIST,SAS/LAB 模块等,分别执行统计分析、绘图、计量经济学和时间序列分析、数据探索、可视化数据处理、交互式数据分析等功能。

(1) SAS/STAT(统计分析模块)几乎覆盖了所有的数理统计分析方法,是国际上统计分析领域中的标准软件。它提供十多个过程可进行各种不同模型或不同特点数据的回归分析,如正交回归、响应面回归、logistic 回归、非线性回归等,且具有多种模型选择方法。可处理的数据有实型数据、有序数据和属性数据,并能产生各种有用的统计量和诊断信息。在方差分析方面,SAS/STAT 为多种试验设计模型提供了方差分析工具。更一般地,它还有处理一般线性模型和广义线性模型的专用过程。在多变量统计分析方面,SAS/STAT 为主成分分析、典型相关分析、判别分析和因子分析提供了许多专用过程。SAS/STAT 还包含多种聚类准则的聚类分析方法。

(2) SAS/GRAPH(绘图模块)是强有力的图形引擎。可将数据及其包含着的深层信息以多种图形生动地呈现出来,如直方图、圆饼图、星形图、散点相关图、曲线图、三维曲面图、等高线图及地理图等。它提供一个全屏幕编辑器;提供多种设备驱动程序,支持非常广泛的图形输出以及标准的图形交换文件。SAS/GRAPH 还提供了丰富的中西文矢量图形字体、方便的图形标记功能及多幅图形的任意拼接组合功能。

(3) SAS/QC(质量控制模块)提供全面质量管理的一系列工具,即从发现问题、明确问题所在及进行试验设计到过程控制图和进行过程的能力分析。SAS/QC 同时提供一套全屏幕菜单系统,引导用户进行标准的统计过程控制及试验设计。

(4) SAS/ETS(经济计量学和时间序列分析模块)提供了丰富的计量经济

学和时间序列分析方法，是研究复杂系统和进行预测的有力工具。利用 SAS/ETS 可建立各种线性或非线性统计模型，进行系统的模拟与预测。

(5) SAS/INSIGHT 模块是可视化的数据探索工具。它将统计方法与交互式图形显示融合在一起，为用户提供一种全新的使用统计分析方法的环境。

(6) SAS/ASSIST(可视化数据处理模块)，它为 SAS 系统提供了面向任务的菜单驱动界面，借助它可以通过菜单系统来使用 SAS 系统其他产品。它自动生成的 SAS 程序既可辅助有经验的用户快速编写 SAS 程序，又可帮助用户学习 SAS 语言。

(7) SAS/LAB 是一个半智能化的交互式数据分析界面，自动生成常用的各种分析结果，非常适合初学者使用。

(8) SAS/OR(运筹学模块)提供全面的运筹学研究方法，是一种强有力的决策支持工具。它辅助用户实现对人力、时间及其他各种资源的利用。

(9) SAS/IML(交互式矩阵程序设计语言模块)提供功能强大的面向矩阵运算的编程语言，帮助用户研究新算法或解决 SAS 中没有现成方法的专门问题。

(10) SAS/FSP(快速数据处理的交互式菜单系统模块)具有全屏幕数据录入、编辑与查询功能，同时，也是一个开发工具。通过 SAS/FSP，用户可进行全屏幕的数据录入、编辑、查询与数据文件的创建等。可一屏操作一条记录，也可一屏处理多条记录。

(11) SAS/AF(交互式全屏幕软件应用系统模块)是一个交互式全屏软件应用系统的开发工具。

此外，SAS 还提供了各类概率分析函数、分位数函数、样本统计函数和随机数生成函数等 300 多个函数，使用户能方便地实现特殊统计要求，以及多个统计过程，每个过程均含有极丰富的任选项。用户还可以通过对数据集的一连串加工，实现更为复杂的统计分析。只需要在主窗口中单击 Help→SAS System Help，在键入要查找的关键字栏中，键入 Function(函数)，则依次显示

Function Arguments(SAS 函数的自变量)；

Function Categories(SAS 函数的类别)；

Function Keys(SAS 函数的关键词)。

需要进一步检索 SAS 函数的自变量时可以双击 Function Arguments 选项。

SAS 采用 MDI(多文档界面)，SAS 的主窗口有如下六个基本常用视窗：

（1）Program Editor 窗口（PGM）。程序编辑窗口为 SAS 系统众多窗口中最常用的窗口，是前景工作区。其主要功能如下：

① 键入数据、编写程序命令，或读入某文字资料，或读入文件。

② 执行 SAS 程序命令，或执行部分程序语句。

③ 保存程序文件的扩展名为 *.sas，或调回已保存的 SAS 程序命令，或加以改正，或执行部分程序语句。

（2）Log 窗口。日志（记录）窗口 Log 为前景工作区，其主要功能如下：

① 记录用户曾经提交执行的 SAS 语句及执行后的有关详细说明。

② 当出现程序语法错误，或其他使用不当时，此视窗会显示并记录失误，指出语法错误的原因，或显示警告等信息。

③ 保存记录文件的扩展名为 *.log。

（3）Output 窗口。输出结果窗口为背景隐含工作区，其主要功能如下：

① 显示各个过程的分析结果。

② 用户感觉输出结果满意时可将结果保存，还可以进行汉化编辑，增加可读性。Output 是背景隐含工作区，只有当 SAS 程序命令执行后，才会自动显示 Output 视窗。

③ 保存结果文件的扩展名为 *.lst。

（4）Results 窗口。超文本标记语言输出结果窗口的主要功能如下：

① 当用户执行了编程或非编程时获得了 SAS 系统处理的结果，同时将以文件名的方式显示在 Results 视窗。

② 可以在 Results 视窗中双击文件名，可获得两种形式的结果。第一种形式与 Output 视窗的形式一致，第二种形式带有底纹和表格式样。

（5）Explorer 窗口。探索者窗口的主要功能如下：

① 用户可通过此视窗浏览和管理 SAS 文件，创建非 SAS 文件的路径。

② 用户可通过此视窗查找 SAS 数据库及其内容。

③ 对 SAS 文件实施复制、移动、删除等文件操作。

（6）Editor 窗口。增强性编辑窗口的主要功能如下：

① 以不同的颜色显示编写程序的不同部分，并对 SAS 语言的语法进行检查，SAS 系统有很大的灵活性，也是因为它至今还可以编写很多源程序，这给广大用户带来很多方便。

② 用户可根据程序语句的作用分段，以区别哪些是关键字，哪些是用户可以任意书写的内容，哪些是数据步骤，哪些是过程步骤，便于发现和修改程

序中的错误。

用户的一个 m 行、n 列资料，在 SAS 系统支持下按一定的格式录入 SAS 系统软件中，能直接供给 SAS 系统，或转换为其他格式供给不同的统计软件进行分析，如此的文件称为 SAS 数据文件。

SAS 数据集是由多个 SAS 数据组成的集合，而 SAS 数据库（Library）是由多个 SAS 数据集组成的集合。SAS 数据集是由 SAS 系统建立的具有特殊要求的数据文件，也是最基本的数据文件。

SAS 数据集可以分为临时性（Temporary）SAS 数据集和永久性（Permanent）SAS 数据集。临时性 SAS 数据集即在关闭 SAS 系统后，立即清除这个文件；而永久性 SAS 数据集一旦被创建，即永久保存在用户指定的目录中，除非用户使用 delete 命令才能删除。当单击 File→Save As 时，对话框中会出现几个 SAS 最常用的数据库：SAS 用户库（Sasuser）和临时数据库（Work）。显然其中的 Sasuser 是永久性的，Work 是临时性的，所以在保存数据文件时一定要选择得当。

SAS 软件提供了良好的运行环境和创建多种 SAS 数据集的方法。

（1）用观察表（Viewtable）方法创建数据集。在主窗口中单击 Tools→Table Editor，会出现一个 m 行 n 列的二维空矩阵表，即为观察表（Viewtable），依次在这个观察表中键入数据，然后保存为 SAS 数据集文件。

（2）用 SAS/INSIGHT 方法创建数据集。在主窗口中单击 Solutions→Analysis→Interactive Data Analysis（SAS/INSIGHT）→New，会出现一个 m 行 n 列的二维空矩阵表，依次在这个数据表中键入数据，然后保存为 SAS 数据集文件。

（3）导入外部或导出内部数据文件。SAS 除了能建立并保存自身使用的多种数据文件以外，还能导入（Import Data，转换）SAS 数据集之外的多种类型数据文件为 SAS 数据文件，也能导出（Export Data，输出）多种类型数据文件，它的数据兼容性很强。在主窗口中单击 File→Import Data（默认值是从数据类型清单中选择的，单击下拉菜单按钮，选择某一文件类型）→Next（在这个窗口的 Where is the file? 下面的空列中，键入外部数据文件的路径、文件夹名与文件名）→Next（保存在 SAS 数据库中）→Finish。

对于大部分初学者来说，编程总是一件棘手的事情，所以 SAS 系统中的分析家（Analyst）非常受到初次使用 SAS 者的欢迎。因为分析家模块是非编程的，它为需要作统计分析而又不十分了解 SAS 系统编程的用户进行统计学分析和绘制统计图带来极大方便。其最大特点是只需用鼠标在视窗界面操作,便可获得十分理想的结果。

分析家模块的统计学分析方法(Statistics)有描述性统计分析(Descriptive)、列联表分析(Table Analysis)、假设检验(Hypothesis Tests)、方差分析(ANOVA)、回归分析(Regression)、多变量分析(Multivariate)、生存分析(Survival)和样本大小估计(Sample Size)等。分析家还提供图表分析方法(Graphs),包括绘制条形图(Bar Chart)、饼分(圆)图(Pie Chart)、直方图(Histogram)、箱形图(Box Plot)、概率图(Probability Plot)、散点图(Scatter Plot)、等高线图(Contour Plot)和曲面图(Surface Plot)等。此外,其还具有报表(Reports)功能。

在主窗口单击 Solutions→Analysis→Analyst 得到分析家视窗,请注意分析家视窗是不同于 SAS 主窗口的界面。在进行 Analyst 的下一个选项前,在分析家视窗的 Untitled(NEW)中必须有数据,可以直接键入数据,也可以从 SAS 数据集中调入数据文件。然后在 Statistics, Graphs 或 Reports 中单击某一统计分析进行分析和研究。

当然和 Analyst 一样不需要编程的还有 SAS/ASSIST 模块,它是一个交互式环境,用户在此不需要编写 SAS 程序命令,只需在视窗菜单及对话框中操作,进行各种设置,从而由 SAS/ASSIST 模块本身所具有的程序产生器功能,自动完成大多数统计分析与统计图表的操作。

在 SAS 主窗口的菜单栏选择 Solutions→ ASSIST 命令,得到 SAS/ASSIST 的起始菜单(Start Menu),SAS/ASSIST 的启动模式的默认格式是工作空间(WorkPlace),SAS/ASSIST 工作空间提供了 11 个选项:

Data Mgmt,数据管理(Data Management)。它是各种数据管理的程序入口,可以进行查询、编辑、建立、导入或导出数据等。

Report Writing,报表书写。

Graphics,绘制图形。可以绘制条形图、饼(分)图、地图等。

Data Analysis,数据分析。可以作相关分析、回归分析、方差分析、时间序列分析等。

Planning Tools,计划工具。可以进行借贷分析和规划管理等。

EIS,高级管理人员信息系统(Executive Information System)。

Remote Connect,远程连接。

Results,结果文件。

Setup,设置。

Index,命令索引。

Exit,退出。

介绍了两种非编程的交互式的统计分析方法,最后不得不说的是,SAS 之所以那么强势、那么受欢迎,就体现于它的编程操作功能的无比强大,要想完全发挥 SAS 系统强大的功能,充分利用其提供的丰富资源,掌握 SAS 的编程操作是必要的,也只有这样才能体现出 SAS 在各个方面的杰出才能。所以初学者要真的掌握 SAS 的精髓,并且用好 SAS,在使用 SAS 时必须要学习 SAS 语言,入门比较困难,但是使用程序方便,用户可以完成所有需要做的工作,包括统计分析、预测、建模和模拟抽样等。当然如果想更多更详细地了解及学习 SAS 软件的使用,可以参阅书后列出的参考文献[7.3],[7.4]或登录 SAS 公司的官方网站 http://www.sas.com/。

SPSS(Statistical Product and Service Solutions,统计产品与服务解决方案)是另一款广受欢迎的统计软件。它是世界上最早的统计分析软件。和 SAS 相同,SPSS 也由多个模块构成,在最新的 2011 版中,SPSS 一共由 10 个模块组成,分别用于完成某一方面的统计分析功能。SPSS 最突出的特点就是相比 SAS 而言,操作界面极为友好,应用方便简捷,容易通过自学就可以应用,而且输出结果美观漂亮(从国外的角度看)。这样,只要掌握一定的 Windows 操作技能,粗通统计分析原理,读者就可以使用该软件为特定的科研工作和数学建模服务。SPSS 的缺点是只吸收较为成熟的统计方法,因而应用的范围受到限制,但这不妨碍它成为统计要求不高的非专业统计人员的首选统计软件。在我们的数学建模中,处理的统计问题相对比较简单,因此选用 SPSS 有着相当的优势。要进一步学习的读者可以阅读参考文献[7.5]或访问 SPSS 官方网站 http://www.spss.com.cn/。

最一般地,在 Excel 中提供了专门的和统计有关的一类函数和数据分析功能,也基本包含了统计中最基本的一些功能例如方差分析、回归检验等。可用于最简单的一些数据的统计概括和简单分析。

第8章
建模论文的写作与演讲

8.1 论文撰写

建模论文是科学论文,所以其有写科学论文的所有要求。在这节里,我们将简述科学论文的基本要求和建模论文的特殊要求。我们假定读者可以熟练应用一般的如微软的 Word 编辑软件等进行论文编辑写作(图 8-1)。

科学论文是通过写出的文章将自己的研究成果叙述发表出来。所以论文的基本要求就是依据可靠、推论严谨、陈述平实、结论肯定。所有的假定是可接受的,所有的资料引用要有出处,所有的实验和计算结果可以重复,所有的推演严密正确,因此在此基础上得到的结论应该是可靠的。

数学建模的论文也是这样要求的。其本身还有一些特殊的结构,下面我们将分而细述。

图 8-1

1. 题目

一个好的题目起到的是画龙点睛的作用。题目不要长,但能一眼就能明白文章所研究的主题。

2. 摘要

摘要是全文的精华。这部分是所有科学论文都要求的。记住摘要三要素,即在摘要中,作者要告诉读者:

(1) 文章讨论的是什么问题。

(2) 文章使用的是什么方法。

(3) 文章得到了什么结果。

在摘要中,语言要简洁,直达主题,不要写任何废话。但要强调文章最精彩的部分,或者是创新的立意,或者是巧妙的方法,或者是更好的结果。这样才能吸引读者愿意花更多的时间去阅读正文。

另外,一般在摘要里不要出现公式、插图、表格等。

3. 关键词

关键词主要用于搜索。这是科学论文所必需的。当论文发表后,对你论文感兴趣的人通过关键词的搜索能很快在茫茫文海里找到你的论文。明白了这个道理,关键词就不难写了,一般 5 个左右。应该写的词主要是你研究的问题,如果不是方法有突破或新用,不要写方法。不然别人本想了解一下某方法,键入了该方法的名字,结果搜到你的论文,对他没有什么帮助,是不是很扫兴? 很多同学不以为然,随便挑两个词,结果造成减分。例如有同学会在关键词里写"Matlab",是不是很不合适?

4. 模型背景

这是文章的开始部分,也是引进所要研究的建模对象的铺垫。作者在此描述所研究的建模问题,阐明研究这个问题的意义。有必要的话,简单说明相关的知识,以助读者理解并尽快进入全文。作者还应该在这里向读者介绍目前这个问题的研究现状,介绍已有的工作,并对这些工作作出一定的评价。这一段阐述是必要的,它显示了作者对该领域的了解程度并且为让读者了解作者的工作在该领域中的地位作准备。接着表述研究这个问题的困难之处,最后引出作者在该文中解决的问题、使用的方法和得到的结果。在这部分文章中,前面的铺垫要充分,但关于结果点到即可,让读者对文章的概况有了明晰的图像,明白文章研究什么问题,有什么结果即可。有时候还应该卖一点关子刺激读者继续念下去的欲望。

5. 模型假设

由于数学建模既然处理的是"模型",就要对原问题进行一定的抽象。也就是说,要把一个实际问题抽象成一个可以用数学表达的问题。所以要对原问题进行简化。这是因为,一方面,解决问题应遵循循序渐进的原则,要先从容易的问题着手,逐渐考虑更复杂的情形;另一方面,次要的因素并不是问题的主要矛盾,考虑太多的次要因素只会混淆我们思考的方向。这样,在建模前就需要对问题的枝枝杈杈进行必要的修剪,留出问题的主干。而对这个修剪过的问题建的模型解出的结果自然就局限在这个修剪过的问题上,与原问题会有一些距离。至于这个距离大不大,将应在模型检验和模型推广中加以说明,希望可以被读者接受。当然,如果你不小心剪去了主枝,就会使你的结果荒腔走板,出现严重偏差,这时在文章的模型检验部分就通不过。这也就是说,文章所作的假定必须合理。

在这一部分,作者必须说明文章中所讨论的模型对原问题作了什么假定,简化了哪些东西。

文章中数学模型使用的数学符号所表示的实际意义也应在这一部分加以说明。

6. 模型建立

这部分要建立模型,这是文章的灵魂。如前所说,建模最困难的地方,是如何找到解决问题的方案。这也是你的读者对你论文的兴趣点之一。所以在这部分,要对原问题进行透彻地讨论和分析,引出建模的思路,并在其中隐叙出你使用目前方法的理由。但这部分的篇幅应适当,不宜过长,以免头重脚轻之嫌。

7. 模型求解

这是文章最数学的部分,则应严格按照数学的规律书写,即严格地推导,仔细地计算,关键的部位不能缺少。使读者按照你文中的指示,可以得到你文中同样的结果。

如果可以,结果最好能用图表表示。如前所说,图表所传达的信息远比文字来得多,来得直接。图表也容易吸引读者的注意并给予读者对文章结果的直观感受。

8. 模型检验

在文章中,模型在一定的假定下建立了,也求解了。但模型建的对不对,得到的解可不可靠仍然需要说明。模型检验的方法将在下一章介绍。为了表示作者在文章中所建的模型和得到的结果可信,则应在此选用适当的方法对模型进行检验。

由于得到的解不可能是包治百病的灵丹妙药,作者需要告诉读者解的性质和对原问题的切合程度。这些对结果的分析也可以在这一部分进行。结果分析包括所得解的适用范围、影响因子，及其敏感度、强健性和对参数的依赖程度等。

这一部分是文章的重要支持，有了这一部分实事求是的工作，可使文章的结果更可靠。

9. 模型推广

由于讨论的模型对原问题有了一定的简化，为更接近原问题，在这一部分可讨论用文章中所用的方法，在哪些方面可以进行推广。这些推广并不需要详细地推导，而说明想法即可，这样，可以引导有兴趣的读者进一步深入研究该问题，得到更好的结果。本书中讨论过的传染病模型就是经过了几次修正和推广才得到了一个比较接近实际的模型。

该模型还可以在哪些其他领域应用，也应在这里提到。考虑得周全使文章的结果更丰满。

这部分工作表明文章所建的模型有多大的弹性和多广的适应性。自然模型适应度越高越好。

这部分的篇幅不应该过长，以避免尾大不掉之嫌。

10. 结论

这是全文的总结。用结论性的语言对全文的结果作一概述。这一部分和摘要的结构和功能有相似之处，都是对全文的概要。不同的是，摘要是餐前开胃点，写给未读文章的人看，结论是餐后甜点，写给读过文章的人看。前者的侧重点偏于介绍，而后者的侧重点在于强调。

11. 参考文献

在参考文献里，应该列出建模文章中涉及的所有引用的结果。这些结果可以是已发表的文章、已出版的书、正规网络上的文章等。这是对别人工作的尊重，也说明你工作的基础。参考文献有固定的格式，但不同的杂志可能有微小的不同要求。读者可以参考本书所列的参考文献的格式来书写自己的参考文献目录。尽管有不同的格式，目的却只有一个，就是让读者可以方便地找到这些文献和资料。

12. 附录

附录中可以收录建模论文中收集的数据、所应用的程序。这些资料往往体积庞大，放在正文里会干扰主要思路，放在附录里可以给有兴趣的读者进一步学习、验证你的结果的机会。

8.2　口述和演讲

论文的还有一种表述方式是口述和演讲(图 8-2),即在规定时间里,将自己的结果用口述说明或展示演讲方式表达,并接受听众的提问。演讲要达到的效果就是在较短的时间里让小范围里较多的人了解自己的方法和成果,回答其疑问,并说服他们接受自己的结论。这是一个效率比较高的方法,但影响力不如在高水平杂志上公开发表来得大。当然如果有机会在电视的媒体上发表演讲就另当别论了。

图 8-2

演讲在今后的工作如竞标、评选和论文答辩中经常用到。演讲的好坏很可能直接影响到竞争的结果。通过数学建模的演讲可以让学生对此有一个很好的训练和提高。

演讲的时间一般是事先确定的,因此在演讲前可以进行充分准备。准备应在下面几方面进行:准备展示稿、预讲、列出考虑到的听众可能提的问题并想好如何回答。

展示稿除了用传统的黑板粉笔板书外,现在通行用电子媒体的幻灯片板书。许多演讲厅都装备有电子媒体设备。制作幻灯片的软件一般有微软的 PowerPoint 和 LaTeX。使用幻灯片,可以将一些数学公式和图表事先写好,这样可以大大节省演讲时间。准备的分量大约每分钟一张片子。由于幻灯片闪过很快,听众很少有时间深思片子的内容,所以片子应该简明、清晰,每张片子只列几行精简的句子,字尽量少。其内容应突出建模思想、解题方法和运算结果。图可以传达更多的信息,吸引听众的注意力,而太多的细节可能扰乱主题。也就是说,应该多使用直观而醒目的图、画和照片,并忽略繁多的计算细节。除非必需,慎用动画和录像。不要选择太花哨的色彩和太闪烁的动画,因为那会给人形成不实在的印象,或者容易造成听众的视觉疲劳,从而会影响到听众相信你的结果。

演讲的时间要精确掌握,超时会引起听众潜在的不快,间接地使演讲效果打了折扣。语言要精练、清晰、准确,没有废话。回答问题要正对、直接,不要顾左右而言他。

第9章
数学建模的验证、分析和评价

9.1 模型的评价原则

对所建的数学模型进行评价分为两个层次。第一个层次：模型是否可接受？第二个层次：模型好不好？

一个可以接受的模型必须具备如下全部因素：

（1）模型假设基本合理。

（2）模型推导有理有据。

（3）数学推导、计算完全正确。

（4）结果不违背常理，可以解释。

（5）在一定范围里，所得规律基本符合历史数据。

那么，一个好的模型首先是可以接受的模型，并且至少应该具有下列特点之一：

（1）模型构思巧妙，不落俗套。

（2）模型的结果和规律很好地吻合实际情况，即实证检验坚实。

（3）方法简单，易于推广。

（4）模型强健稳定，即数据的微小变化不会影响结果。

（5）模型有很好的延展性，可以用于其他对象。

所以两个好的模型可能各有所长，很难横向比较。我们有时为了一实际问题可能会面临有多个模型选择。最合适的选择有赖于应用的要求、范围、应用人的水平和其他应用条件。需要注意的是选择人不要有门户之见，将自己不熟悉的模型拒之考虑范围之外。

9.2　模型的验证

在上述的模型评价原则中,最重要的又最难操作的是模型验证和分析(图 9-1)。如果说,其他原则与我们的科学常识和数学素养有关,那么模型验证和分析则是建模中特有的环节,有时对一个通用模型的实证检验本身就是一个重要工作。这个环节,可以包含在作者建模的工作中,也可以是独立于建模的工作,但却是模型评价中不可或缺的部分。在这节中,我们重点讨论这个环节,对验证模型的各个方面作一介绍。

图 9-1

完成建模后,模型有多大程度上符合实际就摆上了议事日程。在一般的建模论文中都要对文章中建立的模型作一些适用分析和验证。而一些重要和流行的模型,会引带一系列后续的实证检验的工作,如前面涉及的传染病模型等。只有在一定程度上通过实证检验的模型,才会被广泛接受。首先,我们要指出的是,模型验证是有不同层次的。

模型验证分为如下几个层次:

(1) 直接验证:所建的模型至少在特殊情形下与实际的基本常识不冲突。这也是每篇论文都要说明的地方。这种验证一般不会涉及较深的专业知识和复杂的计算,而是直观地、直接地在几个特殊点上说明模型不悖常理和人们的通常经验。

验证的方法也比较简单,只要将模型解中的参数用特殊的值如 0,1 和 $+\infty$ 等代入看看结果是不是一个常识或者已知结果。

例如:人口模型中,指数增长模型在时间趋于无穷时,人口数趋于无穷,这与常识不符,从而说明该模型有缺陷。而阻滞增长模型就克服了这个缺陷。

(2) 简单验证:好的论文会用一定篇幅,用一个简单验证来支持所建模型,而只有直接验证是不够的。相比直接验证,简单验证需要一些实际数据对模型进行验证,从而需要一定的计算、列表和画图。由于篇幅的限制,简单验证难以达到全面深入的分析，但一定程度上帮助读者理解模型。一个好的验证对模型的支持和帮助是非常重要的。简单验证是支持模型至少在一些情况下是适用的，是可以反映刻画讨论对象的规律的。

有时，模型的结果不易直接看出。验证的方法需要一些数据，这些数据是已知的、要采集的或者假定的，当然以前两种为好。在得不到实际数据的情况下，假定一些可能发生数据在一定范围里也是可以接受的。根据这些数据用所建模型计算出结果。验证这些结果是否有悖常识，是否合乎相关规律，是否与已知结果相容。有时也会得到一些新结果，这些新结果是否可以解释一些实际现象。

（3）参数校验：建立了模型，并不表示模型直接可以应用到实际中去。许多模型还包括未确定的参数。这些参数往往有很强的实际意义，而建模时，这些参数的值并不知道。应用实际数据确定和校验模型中的参数，是模型验证的重要组成部分。

如果模型已经解得一个包含参数的表达式，则可以利用第 1 篇的第 1 章中介绍的拟合通过实际数据去拟合参数。例如，在第 1 篇第 5 章反问题一节中传染病模型 SIR 模型的讨论中，我们得到理论治愈病人数的一个近似的显式表达式：

$$\Delta r \approx \frac{A}{\mathrm{ch}^2(Bt-\varphi)},$$

其中，(A, B, φ) 是待定参数。任给一组 (A, B, φ)，当 $t=1, \cdots, n$，就得到一组由理论解确定的理论值 $(\Delta r)_t$，即

$$(\Delta r)_t = \frac{A}{\mathrm{ch}^2(Bt+\varphi)}.$$

这个理论值与医院离院的实际人数（第 1 篇第 5 章 5.5 节中的表 5-4）中得到的实际值 $\overline{(\Delta r)}_t$ 的误差平方和函数为

$$E(A, B, \varphi) = \sum_{t=1}^{N} \left[\frac{A}{\mathrm{ch}^2(Bt-\varphi)} - \overline{(\Delta r)}_t \right]^2,$$

在适当范围里寻找 (A^*, B^*, φ^*) 使得

$$E_{\min} = \min_{A, B, \varphi} E(A, B, \varphi) = E(A^*, B^*, \varphi^*).$$

如果 $E_{\min}$ 很小，说明理论公式计算得到的值是非常接近实际值的，说明模型是经得起检验的，反之则说明理论计算得到的值与实际值有相当大的差距。此时需要对模型进行修改。具体的方法读者可进一步参考非线性拟合的文献。

W. O. Kermack 和 A. G. Mckendrick 利用 20 世纪初在印度孟买发生的一次瘟疫中患病和死亡人数的历史统计资料讨论 SIR 模型（参考文献[9.1]～[9.3]），求得参数值 $A^* = 890$，$B^* = 0.2$，$\varphi^* = 3.4$ 使得 $E_{\min}$ 很小，从而验证了 SIR 模型的合理性。

（4）案例分析：如果说简单验证是支持模型不可少的步骤，那么案例分析则是模型发展的动力。如果一个模型开始为人们注意，必然跟进许多案例分析。案例分析，就是通过某个事件或年报，在掌握其真实、权威和充分的实际数据和统计资料的基础上对模型进行全面的验证、分析和研讨。案例分析已脱离了原建模文章的附属角色，而成为独立的研究工作。

现在我们来看一个例子。这是 J. H. Engel 利用第二次世界大战末美日硫磺岛战役美军的战场记录数据验证正规战模型的案例分析（参考文献[9.4]）。

硫磺岛是太平洋上一座由火山熔岩冷却后形成的火山岛，沟壑纵横，溶洞叠错，峭壁临海。这个原来渺无人烟的弹丸小岛却处在战略要津。在太平洋战争后期，它是日军的重要空军基地，也是守护东京的屏障，因此成为美军控制太平洋的绊脚石。这就决定了该岛必为美日的争夺之地。美军在控制菲律宾后，于 1945 年 1 月 3 日开始，对硫磺岛实施轰炸。当年 2 月 16 日，硫磺岛战役全面打响，并于当年 2 月 19 日美军开始登陆。前后共投入兵力 73 000 人。激烈的战斗进行到两周，日军退进山洞死守，第 28 天时，美军宣布占领该岛，实际战斗到 36 天停止，美军全面获胜。这次战役，双方伤亡惨重，日方守军 21 500 人全部阵亡或被俘，美方伤亡 20 265 人。

我们用正规战争模型来刻画美日双方的战斗减员。设 $A(t)$，$J(t)$ 表示美军和日军第 t 天的人数，由于美军有增援，而日军没有增援，如果忽略非战斗减员且加上初始条件，就有

$$\begin{cases} \dfrac{dA}{dt} = -aJ(t) + u(t), & A(0) = 0, \\[2mm] \dfrac{dJ}{dt} = -bA(t), & J(0) = 21\,500. \end{cases}$$

美军增援为

$$u(t) = \begin{cases} 54\ 000, & 0 \leqslant t \leqslant 1, \\ 6\ 000, & 2 \leqslant t \leqslant 3, \\ 13\ 000, & 5 \leqslant t \leqslant 6, \\ 0, & \text{其他.} \end{cases}$$

已知 $A(36) = 52\ 735$，$J(36) = 0$，并利用美军每天(实际)伤亡人数算出 $A(t)$，有 $\sum\limits_{\tau=1}^{36} A(\tau) = 2\ 037\ 000$，求出 a, b。从而算出理论值 $J(1)$，$J(2)$，…，$J(36)$ 以及 $A(1)$，$A(2)$，…，$A(36)$。

对模型求和代替求积，模型转换成

$$\begin{cases} A(t) - A(0) = -a \sum\limits_{\tau=1}^{t} J(\tau) + \sum\limits_{\tau=1}^{t} u(\tau), \\ J(t) - J(0) = -b \sum\limits_{\tau=1}^{t} A(\tau). \end{cases}$$

由此推出

$$b = \frac{J(0) - J(36)}{\sum\limits_{\tau=1}^{t} A(\tau)} = \frac{21\ 500}{2\ 037\ 000} = 0.010\ 6,$$

以及 $J(1)$，$J(2)$，…，$J(36)$。然后，我们可以求出

$$a = \frac{\sum\limits_{\tau=1}^{36} u(\tau) - A(36)}{\sum\limits_{\tau=1}^{36} J(\tau)} = \frac{20\ 265}{372\ 500} = 0.054\ 4,$$

由此得到 $A(t)$ 的理论值：

$$A(t) = -0.054\ 4 \sum\limits_{\tau=1}^{t} J(\tau) + \sum\limits_{\tau=1}^{t} u(\tau).$$

我们可以用这个理论值和实际值进行对比，从而验证模型(图 9-2)。

从图中可看出，理论值与实际值吻合得相当好。这个案例分析中，我们还得到了原来不知的日军每天伤亡人数的估计值，以及反映美日战斗力的参数 a, b。这对以后的战例都有指导意义。

（5）实验考证：实验考证是案例分析的一种。不同的是，案例分析一般是

分析客观发生的事，是被动验模的，而实验考证是主观设计模拟情形来验模的。相比案例分析，缺点是实验与实际有距离，并且需要经费和场地，还受实验条件和其他条件限制；优点是目的性强，可以根据验证要求设计实验，不需要被动地等待。同样，实验

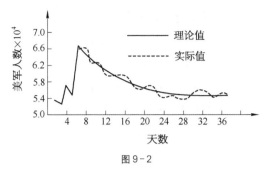

图 9-2

考证也是相对于建模的独立性研究工作。当然，不排除有些建模论文包括一些小实验，其作用是很添彩的。

　　人口普查就是一个很大的实验验证。人口模型的基本框架已建成。但对于每个国家或地区，由于当地不同的文化、宗教、经济、历史、地理等因素要对人口模型进行某种程度上的修正，并确定和校验参数（如人口增长率等）。这些参数随着时间变化也是变化的，所以要经常进行普查或抽查，不断校验。由于每次人口普查都要耗费大量的人力和物力，所以要认真设计调查方案、问卷细则、统计方式、实施计划等。人口的各种数据对政府制定相关政策起着重要作用。现在我国一般五年一次普查，平时抽查。

　　（6）范围探讨：由于任何模型的前提总是有一定的假定，所以它是不可能放之四海而皆准的。对模型的适用范围、应用程度作深入的分析、研究才能使这个模型更有生命力。例如：著名的牛顿三大定律只适用于常规世界而不适用于宏观和微观世界。一个模型范围探讨实际上是一系列关于这个模型实证工作的集成。这些工作勾画出该模型高矮胖瘦全方位的容貌体态。当然，这些工作不是一天做出来的，要通过人们多年的努力，使模型真相越来越清晰。

9.3　模型的分析

　　模型的分析和模型验证一样也是数学论文的重要组成部分。这个部分虽然不是建模的必要部分，但有了这部分工作可以使已完成的模型更加丰满、健康。模型的分析在建模评价中也是个分量很重的角色。本节中我们将对常用的模型分析作一些简单介绍。

1. 模型的量纲分析

量纲分析是物理领域中应用很广泛的一种方法,本身就是一个建模的重要工具,适用于与物理相关的模型。量纲分析方法的重要原则是量纲齐次原则。这个原则也适用于模型检验。

为了能够对物理对象建模,需要对其定量化。物理对象的定量化需要有度量标准。被测物理量的数值除了本身大小,还取决于所选用的单位。例如为了描述一块地的范围,需要确定其面积的单位和数值的大小。单位的选取往往带有任意性,比如说度量长短的单位可选 m 也可以选 cm,dm,km 甚至 l. y.(光年),而 1 m=100 cm,其他单位数值也各不相同。但这些单位可以相互换算,具有某种统一性。我们把这种统一性称为量纲。一个物理量的量纲是唯一的。例如长度单位不可以用 kg。不同量纲的物理量之间有本质的区别,不能换算。

通常用[字母]来表示物理量的量纲。长度的量纲记为 L,时间的量纲记为 T,质量的量纲记为 M,无单位的物理量的量纲记为 1。一个具体的物理对象往往要有许多不同的物理量来描述其不同的特性,其中的一些是基本量,另一些是导出量。基本量的量纲称为基本量纲,其他量的量纲可以由基本量纲导出。例如,我们取基本的量纲为 L,T 和 M,那么面积的量纲为 L^2,速度的量纲为 LT^{-1},加速度的量纲为 LT^{-2}。

对物理对象的客观规律建立数学模型时,等式两边的量纲必须一致,这个要求称为量纲齐次原则。根据量纲齐次原则和牛顿第二运动定律,我们可以导出力的量纲为 MLT^{-2}。应用量纲齐次原则下,分析问题中物理量之间关系称为量纲分析。量纲分析可以用来合理地组合变量从而简化问题的处理,导出新知识和获得新信息,检验模型。下面我们来看一个典型的例子。

单摆的周期:质量 m 的小球系在长度为 l 的线的一端,偏离平衡位置后小球在重力 mg 的作用下作往复摆动。求小球的摆动周期 t。

这个问题中出现的物理量有 t,m,l,g,不计空气阻力时可以假设它们之间有关系式

$$t \sim m^\alpha l^\beta g^\gamma,$$

其中 α,β 和 γ 是待定的常数,k 是无量纲的比例系数。上式的量纲表达式为

$$[t]=[m]^\alpha[l]^\beta[g]^\gamma.$$

将 $[t]=T$，$[m]=M$，$[g]=LT^{-2}$，$[l]=L$ 代入上式后，我们得到

$$T=M^{\alpha}L^{\beta+\gamma}T^{-2\gamma}.$$

根据量纲齐次原则，我们可以导出一个关于待定常数的线性代数方程组

$$\begin{cases} \alpha=0, \\ \beta+\gamma=0, \\ -2\gamma=1, \end{cases}$$

方程组的解为 $\alpha=0$，$\beta=\dfrac{1}{2}$，$\gamma=-\dfrac{1}{2}$。这样，我们得到

$$t \sim \sqrt{\dfrac{l}{g}}.$$

这个关系式与实验得到的结果是一致的。

量纲分析的方法尤其适用于物理和工程的问题，有时处理这类问题非常有效。这节的介绍比较简单，有兴趣的读者可以进一步选读有关参考文献（例如书后列的参考文献[9.5]）。

2. 模型的强健性

如前所述，在建模过程中，我们做了一些假定，这些假定在一定范围里适用。然而一个好的假定，使得模型的适用范围较为广阔。另外研究对象的信息可能错伪，数据会有误差，好的模型结构不会因为观测数据或实际信息发生微小改变而发生很多改变，从而解模结果也比较稳定。所以模型的强健性有时也称为模型的稳定性。

3. 模型的敏感性分析

模型的结构和参数通常由信息和观测数据来确定。所谓敏感性是指解模结果对观测数据或实际信息的依赖关系，即当实际数据有所改变时，模型参数和解模结果改变的大小。太敏感的模型往往在应用上会遇到极大的困难。敏感性大小也是模型接受程度的一个看点。

例如，我们得到一个模型，其形式为 $f=f(x;a,b)$，其中，a，b 是参数。我们关心的是，这个参数的取得的误差对我们的结果的影响有多大。这个讨论就是敏感性分析。我们把 f 对 a 的敏感性记为 $s(f,a)$，则其定义为 f 关于 a 的相对变化率：

$$s(f, a) = \frac{\dfrac{\Delta f}{f}}{\dfrac{\Delta a}{a}} \approx \frac{a}{f} \frac{\partial f}{\partial a}.$$

即模型敏感性的大小可以通过将其形式解对所参考的参数求偏导并乘除相应的参量而得到。

相比之下，模型的敏感性分析可通过简单计算实现，较为容易进行。

4. 模型的延展性分析

模型的延展性分析在于讨论如何对模型假设的放宽。在模型建立的初期，一般都有较强的假设，使建模的人集中精力解决一些主要矛盾。当这些主要矛盾解决后，人们可逐步放宽假设条件，逐个解决其他问题，使模型在更大的范围里适用。例如，在第 1 篇第 2 章期权定价模型讨论中，我们开始假设无风险利率为常数。得到期权公式后，就可以进一步讨论当无风险利率为时间的已知函数或者进一步满足一个随机过程情形下的期权的定价公式。

模型的延展性分析还在于应用。在模型分析和验证中，不应只站在所研究对象上讨论问题，还应讨论该模型还可以在哪些问题上应用。好的延展性分析可以将模型的应用前景有一个清晰的前瞻，给出了一类问题的可选解决方案。例如，第 1 篇第 5 章讨论人口模型后，应想到人是一种生物，所讨论的模型并没有用到人本身的特性，而只关注人作为生物所具有的繁衍特性。因此，人口模型可以用于在自然环境下单一物种生存或与其他物种相比占有绝对优势的其他生物，如森林中的树木、池塘中的鱼等。

在建模论文的结论之前，延展性分析不一定给出进一步的解模结果却往往展示了作者对模型的理解和把握，反映了作者对模型前瞻的思考。在一定程度上对已完成的建模工作做出了肯定和正面的衬托。好的延展性分析可以起到可观的加分作用。

一个具有好的延展性的模型能使得评判者对该模型有更高的容忍度。

5. 模型的局限性分析

如前所述，模型的建立和求解都是在一定的假定下，是现实对象简化、理想化的产物，所以一旦将模型的结论应用于实际问题，那些被忽视和简化的因素就会起到一定作用，于是解模得到的结论只是相对和近似的。再者，由于人们认识世界的能力、科学技术发展和数学本身水平的限制，对问题理论的探索也有很不完善的地方。所以模型的局限性同时体现在模型理论研究本身和实际应用两个方面。有的模型有理论的兴趣，却难以应用于实际；有的模型在实际中很好用却"知其然，不知其所以然"。大多数学模型都很难达到同时有理论意义和实用价值的水平。

另外，模型的局限性分析还应该讨论模型的适用范围，如上节中模型验证中的范围探讨。

实事求是的对模型进行局限性分析，不仅不会对已完成的建模工作造成负面效应，相反会给模型使用者起更强的指导作用，并使已完成的建模工作更可信、更具应用性。

9.4　建模论文的评判

写好一篇建模论文，除了前面讨论过的各个要素外，还应该充分考虑到你的读者。也就是说，要了解别人是怎么读一篇建模论文的。

建模论文的读者可以是建模作业的老师、交流学习的同学、普及介绍的一般读者或者是竞赛论文的评判者。我们这里主要介绍评判者是怎样评审一篇论文的。

评判一篇论文一般要读好几次，有好几个阶段，但每个阶段的层次和目的不同，却可以在任一个阶段停止。具体说来：

（1）泛读阶段（图9-3）。在这个阶段里，评判者主要是浏览文章的标题、摘要和结论，只用很短的时间了解该文：

① 文章写的是什么？

② 文章解决了什么问题？

然后，评判者得到一个初步印象以及对这篇文章有没有兴趣进一步花时间研读。

这个过程评判者用的是浏览的眼光、读报的方式、兴趣的目的。

许多评判者在短时间里要评判大量的论文，这个阶段往往要筛选掉很多论文。

（2）细读阶段。通过泛读阶段，

图9-3

评判者花少量时间详细阅读文章的引言，粗略扫阅文章的主体，检索文章的参考文献，以搞清楚：

① 文章讨论的问题的背景有没有意义？

② 文章的问题解决得怎么样，有什么进展，结果好不好？

③ 文章采用的是什么方法，有没有独创性？

之后，评判者做出初步的评估结论。

这个过程评判者用的是鉴赏的眼光、学习的方式、初评的目的。

在这个阶段，评判者暂时接受作者的说法。如果不是很熟悉问题的背景，还要通过作者的阐述并核实参考资料，学习了解所研究问题的大环境。这个阶段后要领会文章在研究这个问题得到的结果在这个大环境中的地位。如果认为文章有一定的价值，则评判者进入下一个阶段。通过这个阶段的论文多半已经摆脱了被淘汰的命运，评判者需要通过下一个阶段分出先后名次。

（3）精读阶段。评判者会详细阅读文章的主体，试图理解作者的思想，逐条验证作者在摘要和引言中申明所得到的结果，并且抽阅参考文献，考查细读阶段所得到的初评结论。即评判者通过这个阶段要明白：

① 文章对背景的描述是否客观、到位？

② 文章研究的问题的实际意义是否与文章声称的意义相符？

③ 模型的假设是否合理？建模推导是否严谨？解模过程是否正确？

④ 文章的主要思想是什么？采用的方法是否可行？是否新颖？

⑤ 文章提出的观点是否有足够的支持？

⑥ 文章提供的资料是否可靠、全面？

⑦ 文章申明的结论是否正确、到位？

⑧ 阅读文章过程中产生的所有疑问是否有了答案？

⑨ 文章有没有独创性？

⑩ 文章讨论的拓展空间有多大？

这个过程评判者用的是挑剔的眼光、审判的方式、评价的目的。

如果对上述问题评判者都得到正面结论，那么评判的文章就是一篇好文章。但是，每篇文章都有其不同的侧重点或特点，这些也可以被演绎成优点或缺点，所以完美的文章是不存在的。

（4）复读阶段。经过上个阶段的审阅，评判者实际上已经得到了对文章评价的结论。这个阶段，评判者需要重读文章的摘要和结论以及在前面阅读中所注意到的要点，再证实自己的结论。

　　这个过程评判者用的是提炼的眼光、总结的方式、结论的目的。

　　鉴于不同的评判者有不同的个人风格,每个评判者评判一篇论文的程序也会不尽相同。评判者的不同喜好也可能对同一篇文章有不同的看法。一般来说,评委会会通过综合评委意见的方式来平衡这样的差异。当然,对同一个评判者面对许多具各种不同特点的论文而给出自己的评判结论也是一件不容易的事情。如何更有效、更公平地评价一批数学建模论文本身就是一个数学建模问题。

　　可见,我们的数学建模问题无处不在。

第10章
数学建模竞赛简介

数学建模竞赛首先是在美国举办的。20 世纪 30 年代以来，美国大学生中基本上每年举办一次 Putnam 数学竞赛，重点是考核学生的基础知识、逻辑推理和运算能力。竞赛采用普通考试的形式，完全闭卷，个人独立完成，几乎不涉及数学在实际中的应用问题，也不允许使用计算工具。这种竞赛对选拔数学尖子、培养青年数学家起了积极的作用，但许多科学家在如下几方面也对该项赛事的不足与缺陷提出了批评。

（1）竞赛题目过于纯粹，而多数学生毕业后将从事各个领域实际问题的应用研究，希望竞赛能够培养和提高大学生理解问题、分析问题、处理实际问题的能力。

（2）常规的数学竞赛过程不能使用计算工具，也不能查看参考资料，这与时代的发展要求不相吻合，与真正科研活动的条件也不尽相同。

（3）常规竞赛完全由个人独立完成，但现代科学研究往往需要一个团队的合作才能完成。

鉴于上述考虑，美国马里兰州 Salisbury State College 的 Ben Fusaro 教授等人于 1985 年发起举办美国大学生首届数学模型竞赛（Mathematical Competition in Modeling）。1988 年后改称为 Mathematical Contest in Modeling，简称为 MCM，并允许世界各国的大学生参加竞赛。这个竞赛是由三人组队参加的三天开放式竞赛，以提交一篇论文结赛。

1988 年，北京大学（后就职于北京理工大学）的叶其孝教授访问美国，受 Ben Fusaro 教授的邀请访问了他们的竞赛指导教师培训班，并一起讨论了中国学生参加这项竞赛的具体事宜。考虑到中国学生英语能力方面的欠缺，主办方甚至网开一面，允许中国学生以母语参赛，英文稿可以放宽到一周后寄

出。叶其孝教授回国后组织北京大学、清华大学、北京理工大学共四个队于
1989 年 2 月首次参加美国大学生数学建模竞赛。当然这个语言特惠后来很快
被取消,我们的参赛队和世界各地的参赛队站到了同一条起跑线用全英语
参赛。

　　这次比赛后影响很大,自此,我国每年参加美国竞赛的高校数和队数越来
越多,成绩也越来越好。叶其孝为此写了一篇题为《美国大学生数学模型竞赛
及一些想法》的文章发表在 1989 年的《高校应用数学学报》上,向国内的同行
介绍 MCM,并在文中热切期望这样的比赛可以在本土举办。1990 年 6 月,美
国 Fusaro 教授访问北京和上海,作了有关美国大学生数学建模竞赛的报告,
并与叶其孝、姜启源等讨论数学建模竞赛的组织工作。

　　很快,1990 年 12 月,上海市举办大学生(数学类)数学模型竞赛,这是我国
省市级首次举办的大学生数学建模竞赛。

　　1991 年 8 月,第三届全国数学建模教学及应用会议在湖南张家界举行,对
举办全国性竞赛起了组织作用(第一、二届会议分别于 1986 年和 1988 年举
行)。1991 年 11 月,中国工业与应用数学学会第一届第三次常务理事会决定
成立数学模型专业委员会,俞文魮为主任,姜启源、叶其孝、谭永基为副主任,
并责成他们组织 1992 年部分城市大学生数学模型联赛。这个委员会实际上
成为我国大学生数学建模竞赛的主要组织者。

　　1992 年 11 月,全国部分城市大学生数学模型联赛举行,这是全国性的首
届数学模型竞赛,共 10 省(市)79 所高校的 314 队参加。

　　1993 年中国大学生数学建模竞赛(CUMCM)于该年 10 月 15—17 日举
行,16 省(市)101 所院校的 420 队参加。自此,该项赛事每年举行一次,参加
的院校数、队数逐年增加,影响日益扩大。2008 年,已有 1 022 所院校的
12 834 队参加。而到了 2009 年,全国有 33 个省、市、自治区(包括香港和澳门
特别行政区)1 137 所院校的 15 042 个队(其中本科组 12 272 队、专科组 2 770
队)共 45 000 多名来自各个专业的大学生参加了这项赛事。现在由高等教育
出版社冠名"高教社杯"已逐渐成为我国数学建模竞赛最重要的赛事,也是全
国高校规模最大的课外科技活动之一。

　　我国大学生数学建模竞赛,其形式与美国竞赛的形式基本相同,由教育部
高等教育司和中国工业与应用数学学会组织,全国竞赛组委会和各省(市、自
治区)赛区组委会操办。竞赛以队为单位报名参加,每队三人,每所院校可以
组织若干个队参加竞赛。竞赛前后共进行三天,地点不统一,各院校自行安排

本校所有参赛队的竞赛地点，赛前上报赛区竞赛委员会以备巡查。本竞赛每年9月（一般在中旬某个周末的星期五至下周星期一共三天，72小时）举行，竞赛面向全国大专院校的学生，不分专业，但竞赛分本科、专科两组，本科组竞赛所有大学生均可参加，专科组竞赛只有专科生（包括高职、高专生）可以参加。

竞赛通常提供两道题目，这些题目往往是从实际问题中提炼、浓缩、简化而成的。相对而言，其中一道题目是连续性的题目，另一道是离散型的题目，各队可以任意选择一道题目完成。竞赛过程可以使用计算机、软件包等工具，也可以到图书馆或者上网查阅各种参考资料，但规定各参赛队不得与队外的其他人员讨论与竞赛有关的问题。队中的三位队员应根据各人的特长分工合作，首先对所选定的题目的实际背景进行分析和讨论，在一定合理假设的基础上建立相应的数学模型，求出模型的解，最后三人将所做的工作共同形成一篇论文上交（图10-1）。

图 10-1

这个竞赛首先由各赛区（通常每个省、市、自治区各为一个赛区）组织专家将提交的论文评审确定若干等级的奖项，然后各赛区按照全国竞赛委员会划定的比例选送优秀的论文交至全国竞赛委员会参加全国一、二等奖的评选。

叶其孝教授总结竞赛对解决问题等各种能力的挑战，这些能力在常规的教学中是很难获得的。

（1）应用数学进行分析、推理、计算的能力，特别是"双向"翻译的能力。

（2）应用计算机、相应数学软件以及因特网（Internet）的能力。

（3）应变能力（独立查找文献，在短时间内阅读、消化、应用的能力）的培养。

（4）创造力、想象力、联想力和洞察力。

（5）学生组织、管理、协调（合作），以及及时妥协的能力。

（6）交流、表达和写作能力。

（7）竞争意识、坚强的意志力和自信心。

（8）自律、"慎独"的优秀品质。

（9）善于总结，不屈不挠，不断向更高的目标前进，学（行、实践）而后知不足。

（10）培养正确的数学观（正确理解数学的作用、数学和外界的关系）。

全国大学生数学建模竞赛从一开始就得到教育部、各省（市、自治区）教委、各有关高校的重视和支持。吴文俊院士、李大潜院士等老一辈科学家都对竞赛倾注了大量心血。在教育部高教司和中国工业与应用数学学会的精心组织之下，竞赛每年按期举行，一直受到广大同学的热烈欢迎。竞赛可以使同学们亲身去体验一下数学的创造与发现过程，培养他们的创新精神、意识和能力，取得在课堂里和书本上难以得到的经验，也有助于培养他们的团队意识和精神。参加过竞赛的同学很多都深感在竞赛过程中受益匪浅。"一次参赛，终身受益"是绝大多数参赛学生的共同体会。

全国大学生数学建模竞赛的官方网站为 http://www.mcm.edu.cn/。

最近另外一项赛事，引起了越来越多大学生的重视，这就是美国大学生数学建模竞赛。

美国大学生数学建模竞赛（MCM/ICM）由美国数学及其应用联合会（the Consortium for Mathematics and Its Application，COMAP）主办，是唯一的国际性数学建模竞赛，也是最具影响力的数学建模竞赛。赛题内容涉及应用、科技和生活的方方面面。竞赛要求三人（本科生）为一组，在 4 天时间内，就指定的问题完成从建立模型、求解、验证到用英文撰写论文的全部工作，体现了参赛选手应用数学、研究问题、解决方案的能力以及团队合作精神。

MCM/ICM 是 Mathematical Contest In Modeling 和 Interdisciplinary Contest In Modeling 的缩写，即"数学建模竞赛"和"交叉学科建模竞赛"。美赛是由创始人 Ben Fusaro 1984 年向美国教育部申请到一笔为期三年的基金。MCM 始于 1985 年，ICM 始于 2000 年，由美国数学及其应用联合会主办，得到了 SIAM，NSA，INFORMS 等多个组织的赞助。MCM/ICM 着重强调研究问题、解决方案的原创性、团队合作、交流以及结果的合理性。

参赛情况（数据由边馥萍教授提供）：

MCM

届数（年）	参赛队（交卷）	大　学	国家及地区	中国（占比）
1（1985）	158（90）	70	90	
32（2016）	7 421	919	12	6 939（93.5%）
33	8 843	943	13	8 461（95.7%）

ICM

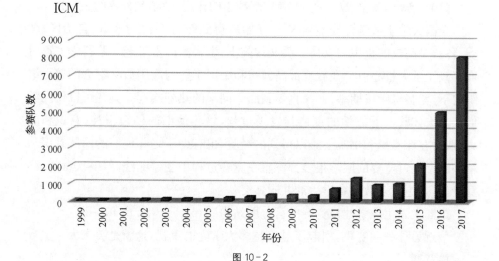

图 10 - 2

ICM 相比 MCM 的主要区别有三方面：

（1）ICM 问题更具有广泛性：如环境、能源、生态、社会、政策、网络等都是 ICM 的主要问题，每个问题都是大问题，与几个领域相关，要求参赛者知识面宽广，综合和跨界能力强；

（2）ICM 问题更具有开放性：MCM 问题通常是简洁、清楚的问题，而 ICM 的问题提供了更丰富的背景和更多的参考资料，给参赛者更多自由创新空间，ICM 更接近实际的科学研究；

（3）ICM 问题通常是全球关注的问题，不依赖于文化背景。

MCM、ICM 的参赛队论文通过评审分为五个等级：成功参赛（Successful participant）、优秀，二等（Honorable mention）、优异，一等（Meritorious）、优胜提名（Finalist）和优胜，特等（Outstanding）。后又增一个档次不成功参赛（Unsuccessful Participant），同时将那些违反比赛规则、抄袭等问题的论文归入 Disqualified。

MCM、ICM 竞赛的 O 奖中最优秀的论文还可同时获得：

- INFORMS 奖由美国运筹及管理学协会（the Institute for Operations Research and the Management Sciences）设立的；

- SIAM 奖由美国工业与应用数学学会（the Society for Industrial and Applied Mathematics）设立的；

- MAA 奖是由美国数学会（the Mathematical Association of America）设立的；

- Ben Fusaro 奖是由 COMAP 设立的。评审委员会通常在特级提名论文中选出一篇具有特殊创意和独特见解的论文授予 Ben Fusaro 奖。

美国大学生数学建模竞赛的官方网站是：

http：//www. comap. com/undergraduate/contests/

除了上述赛事，其他重要赛事还有每年举办的中国研究生数学建模竞赛（GMCM）以及地区性和行业性的数学建模竞赛等。

参考文献

前　言

[0.1]　姜启源,谢金星,叶俊.数学建模[M].北京:高等教育出版社,2003.

[0.2]　Stewart J. Calculus: Early Transcendentals [M]. Brooks Cole, 2007.

[0.3]　戴明强,李卫军,杨鹏飞.数学模型及其应用[M].北京:科学出版社,2007.

[0.4]　赵静,但琦.数学建模与数学实验[M].第2版.北京:高等教育出版社,2003.

[0.5]　白凤山,幺唤民,等.数学建模[M].上,下.哈尔滨:哈尔滨工业大学出版社,2003.

[0.6]　朱道元.数学建模案例精选[M].北京:科学出版社,2003.

[0.7]　徐全智,杨晋浩.数学建模[M].北京:高等教育出版社,2003.

[0.8]　刘承平.数学建模方法[M].北京:高等教育出版社,2002.

[0.9]　高隆昌,杨元.数学建模基础理论[M].北京:科学出版社,2007.

[0.10]　宋来忠,王志明.数学建模与实验[M].北京:科学出版社,2005.

[0.11]　Burglles D,等.数学建模:来自英国四个行业中的案例研究[M].应用数学译丛第4号.叶其孝,吴庆宝,译.北京:世界图书出版公司,1997.

第1章

[1.1]　Stewart J.微积分[M].白峰杉,主译.北京:高等教育出版社,2004.

222

［1.2］ 黄忠裕.初等数学建模［M］.成都：四川大学出版社,2004.

［1.3］ 邓新春.应用数学［M］.上海：复旦大学出版社,2006.

第 2 章

［2.1］ Ross S M. 应用随机过程：概率模型导论［M］.龚光鲁,译.北京：人民邮电出版社,2007.

［2.2］ Karlin S, Taylor H M. 随机过程初级教程［M］.庄兴无,等,译.北京：人民邮电出版社,2007.

［2.3］ DeGroot M H, Schervish M J. 概率统计［M］.叶中行,等,译.北京：人民邮电出版社,2007.

［2.4］ Robert C. Monte Carlo Statistical Method［M］. Springer, 2005.

［2.5］ 姜礼尚.期权定价的数学模型和方法［M］.北京：高等教育出版社,2003.

第 3 章

［3.1］ 沈荣芳.运筹学［M］.北京：机械工业出版社,2009.

［3.2］ 朱德通.最优化模型与实验［M］.上海：同济大学出版社,2004.

［3.3］ 谢金星,薛毅.优化建模与 LINDO/LINGO 软件［M］.北京：清华大学出版社,2005.

［3.4］ 刁在筠,等.运筹学［M］.北京：高等教育出版社,2007.

第 4 章

［4.1］ Shapley L S. A value for n-person games［M］.//Kuhn H W, Tucker A W. Contributions to the Theory of Games Volume II. Princeton：Princeton University Press, 1953.

［4.2］ 沙特朗,张萍.图论导引［M］.范益政,等,译.北京：人民邮电出版社,2007.

［4.3］ 涂志勇,博弈论［M］.北京：北京大学出版社,2009.

第 5 章

［5.1］ 姜礼尚,陈亚浙.数学物理方程讲义［M］.北京：高等教育出版社,2005.

223

　［5.2］　叶其孝,李正元. 反应扩散方程引论［M］. 北京：科学出版社,1990.

　［5.3］　王柔怀,伍卓群. 常微分方程讲义［M］. 北京：人民教育出版社,1979.

　［5.4］　余德浩,汤华中. 微分方程数值解法［M］. 北京：科学出版社,2003.

　［5.5］　Morton K W, Mayers D F. 偏微分方程数值解［M］. 北京：人民邮电出版社,2006.

　［5.6］　宋健. 人口预测和人口控制［M］. 北京：人民出版社,1982.

第6章

　［6.1］　Keller J B. Optimal velocity in a race［J］. Amer Math Monthly,1974，81(5)：474－480.

　［6.2］　Friedman A. Variational principles and free-boundary problems［M］. John Wiley & Sons,1982.

　［6.3］　江泽坚,孙善利. 泛函分析［M］. 北京：高等教育出版社,1994.

第7章

　［7.1］　求是科技. Matlab 7.0 从入门到精通［M］. 北京：人民邮电出版社,2006.

　［7.2］　Hanselman D, Littlefield B. 精通 Matlab 7［M］. 朱仁峰,译. 北京：清华大学出版社,2006.

　［7.3］　阮桂海,等. SAS 统计分析实用大全［M］. 北京：清华大学出版社,2003.

　［7.4］　洪楠,等. SAS for Windows 统计分析系统教程新编［M］. 北京：清华大学出版社,2006.

　［7.5］　薛薇. SPSS 统计分析方法及应用［M］. 北京：电子工业出版社,2009.

第9章

　［9.1］　Kermack W O, Mckendrick A G. Contributions to the mathematical theory of epidemics［J］. Proceedings of the Royal Society of

London，Series A，1927，115：700－721.

［9.2］ Kermack W O，Mckendrick A G. Contributions to the mathematical theory of epidemics II［J］. Proceedings of the Royal Society of London，Series A，1932，138：55－83.

［9.3］ Kermack W O，Mckendrick A G. Contributions to the mathematical theory of epidemics III［J］. Proceedings of the Royal Society of London，Series A，1933，141：94－122.

［9.4］ Engel J H. A verification of Lanchester's Law［J］. J Operations Research Society of America，1954，2：163－171.

［9.5］ 谈庆明.量纲分析［M］.合肥：中国科学技术大学出版社,2005.

第 10 章

［10.1］ 叶其孝.美国大学生数学模型竞赛及一些想法［J］.高校应用数学学报,1989,4(1)：137－145.

［10.2］ 叶其孝.话说大学生数学建模竞赛［M］//李大潜.中国大学生数学建模竞赛.第 2 版.北京：高等教育出版社,2001：359－362.

［10.3］ 李大潜.将数学建模思想融入数学类主干课程［J］.全国大学生数学建模竞赛通讯,2005(3)：1－4.

美国 MCM/ICM 竞赛指导丛书

［1］ 美国大学生数学建模竞赛题解析与研究(1—5 辑)［M］.北京：高等教育出版社,2019.

［2］ Belanger J，Fox W P,王杰,毛紫阳.正确写作美国大学生数学建模竞赛论文［M］.第 2 版.北京：高等教育出版社,2017.

［3］ Belanger J,王杰,等. Mathematical Modeling for the MCM/ICM Contest，Volume 1，2［M］.北京：高等教育出版社,2016.

［4］ 美国数学建模竞赛——同济大学优秀论文选评(上,下)［M］.上海：同济大学出版社,2014.

附录　相关网站

[1]　中国数学建模网 http://www.shumo.com/

[2]　全国大学生数学建模竞赛官方网站 http://www.mcm.edu.cn/

[3]　美国数学建模竞赛官方网站 http//www.comap.com/

[4]　数学中国网 http://www.madio.net/

[5]　Lindo 和 Lingo 的官方网站 http://www.lindo.com/

[6]　CTeX 网站 http://www.ctex.org/

[7]　Matlab 官方网站 http://www.mathworks.com/

[8]　Maple 官方网站 http://www.maplesoft.com/

[9]　Mathematica 官方网站 http://www.wolfram.com/

[10]　MathCAD 官方网站 http://www.mathcad.com/

[11]　SAS 官方网站 http://www.sas.com/

[12]　SPSS 官方网站 http://www.spss.com.cn/